Christine Breier

EINFACH SCHÖNE BEETE

IMMERBLÜHENDE PFLANZ-KOMBIS NACH DEM BAUKASTENPRINZIP

Christine Breier

EINFACH SCHÖNE BEETE

IMMERBLÜHENDE PFLANZ-KOMBIS
NACH DEM BAUKASTENPRINZIP

Inhalt

Basiswissen – gestalten mit Stauden

MIT EINER ERSTAUNLICH GROSSEN VIELFALT an Farben und Formen bieten Stauden unbegrenzte Möglichkeiten für die Gestaltung schöner Beete im Garten. Ihre vielfältigen, im Jahreslauf sich stetig wandelnden Erscheinungen sind das dynamische Moment im Beet. In Kombination mit Gehölzen entstehen bezaubernde Gartenbilder, die das ganze Jahr über immer neue Überraschungen für Sie bereithalten. Das Basiswissen zur Pflanzenpalette und Standortwahl sowie zu den wichtigsten Aspekten bei der Pflanzenkombination helfen Ihnen, Ihr Lieblingsbeet anzulegen.

Einfach schön – einfach gestalten

Wünschen Sie sich schon länger, selbst ein Staudenbeet in Ihrem Garten anzulegen, haben es sich aber bisher nicht zugetraut, dies zu verwirklichen? Oder träumen Sie von üppig blühenden Beeten im Garten, möchten aber möglichst keine Mühe und Zeit in die Planung investieren? In beiden Fällen sind die fertig durchgeplanten Beet-Module aus diesem Buch eine perfekte Starthilfe. Die thematisch geordneten Planungspakete bieten Ihnen alle notwendigen Informationen für die Planung und Anlage standortgerechter und damit pflegeleichter Staudenbeete.

Gestalten mit System: Beet-Module sind das perfekte Startpaket für alle, die sich ästhetische, über Jahre funktionierende Staudenbeete wünschen, aber kaum Erfahrung oder wenig Zeit für die Planung haben.

BEI DER PFLANZENAUSWAHL für das Lieblingsbeet im eigenen Garten leiten uns fast immer bestimmte persönliche Vorlieben, Wünsche und Bilder. Um diese Ideen und Vorstellungen in eine schöne und funktionierende Pflanzeneinheit umzusetzen, die Ihre Wünsche und Ansprüche erfüllt, sollten Sie jedoch planvoll und mit System vorgehen. So vermeiden Sie kostspielige und entmutigende Misserfolge, die häufig dann entstehen, wenn Pflanzen wahllos und spontan gekauft und anschließend an irgendeiner Stelle im Garten eingepflanzt werden.

Ideal ist es, wenn Sie Ihre individuellen Wünsche und Pflanzenvorlieben bei der Garten- und Beetgestaltung von Anfang an ganz gezielt einfließen lassen können.

Bei einer vorausschauenden Bepflanzungsplanung wird die Verteilung der ausgewählten Stauden und Gehölze auf dem Beet in einem maßstäblich gezeichneten Plan dargestellt. Dieser Pflanzplan ist eine wertvolle Hilfe zur Anfertigung einer Pflanzeneinkaufsliste und zur Verteilung der Pflanzen auf dem Beet. Später können Sie den Plan jederzeit wieder zur Hand nehmen und schauen, welche Pflanzen an welchem Platz verwendet wurden, falls einmal nachgepflanzt werden soll oder falls Sie den Namen einer Pflanze vergessen haben.

Beet-Module helfen bei der Planung und Anlage

EIN NAHEZU UNÜBERSCHAUBARES Pflanzensortiment lockt in Gartencentern und Gärtnereien – eine Staude ist schöner als die andere, und man möchte am liebsten alle gleich in den Einkaufskorb laden. Doch wie lassen sich diese individuellen Pflanzenschönheiten zu einem funktionierenden Ganzen zusammenfügen?

In unzähligen Gartenzeitschriften locken attraktive Fotos von prächtig blühenden Staudenbeeten. Doch Sie fragen sich bestimmt: Wie kann ich ein solches Beet in meinem Garten anlegen? Viele Gartenbesitzer fühlen sich dabei überfordert. In diesem Buch finden Sie die Lösung, denn mit den Beet-Modulen als Starterkit werden Sie quasi an die Hand genommen, um Ihren individuellen Weg zu prächtigen Staudenbeeten zu gehen.

Jedes der hier vorgestellten professionell durchgeplanten Beet-Module bietet sowohl Gartenanfängern als auch ambitionierten Gartenliebhabern mit mehr Erfahrung die notwendigen und aufeinander abgestimmten »Zutaten«, um selbst schöne Staudenbeete im eigenen Garten anzulegen. Mit den Beet-Modulen stehen Ihnen für jede Gartensituation und jeden Standort, aber auch für jeden Anspruch ein funktionierendes Bepflanzungskonzept zur Wahl, das Sie nach Belieben variieren können. Sie entscheiden, ob Sie das Beet-Modul unverändert übernehmen, ob Sie es vergrößern, indem Sie es mehrfach aneinandersetzen, oder ob Sie es ganz individuell in der Größe und im Farbthema an Ihre persönliche Gartensituation anpassen.

Die Beet-Module sind thematisch nach bewährten und beliebten Gestaltungsthemen sowie nach den unterschiedlichen Standortansprüchen der Stauden geordnet. Lebendige Präriebeete, Kiesgärten mit anspruchslosen Trockenkünstlern, malerische Gräserbeete oder Blattschmuckstauden in eleganten Schattenbeeten warten darauf, in Ihren Garten einziehen zu dürfen.

Gartenanfänger können sich für ihr Lieblingsbeet ein passendes Beet-Modul mit dem zugehörigen, fertigen Pflanzplan aussuchen und sofort mit der Anlage beginnen. Alle Beet-Module lassen sich aber darüber hinaus – auch nachträglich – individuell an jede Gartensituation anpassen und mit den entsprechenden Ergänzungspflanzen variieren, die zu jedem Beet-Modul vorgestellt werden. So können auch Gartenbesitzer mit mehr Erfahrung profitieren. Mithilfe der Beet-Module und wohl überlegten, planvollen Schritten werden Sie zu einem funktionierenden und schönen Ergebnis kommen.

Etwas gärtnerisches Basiswissen über die Pflanzen und ihre Lebensbereiche sowie die unterschiedlichen Gartenstandorte und die Faktoren Boden, Klima und Licht sollte aber auch beim Arbeiten mit den Beet-Modulen vorhanden sein. Grundkenntnisse zu bestimmten gestalterischen Aspekten und Regeln bei der Pflanzenauswahl helfen den erfahreneren Gärtnern bei der Beetkomposition und beim Anpassen der Module an die eigenen Wünsche. Alle dazu nötigen Informationen finden Sie auf den Seiten 10–21.

OBEN Ideal für Beete im Mixed Border Style: Eine stimmige Pflanzenkomposition aus Hoher Bart-Iris, lila Nachtviole, Rosen und der weißen Schloßblume, einer einjährigen Sommerblume, die Sie aus Samen ziehen können.

Die Pflanzenpalette

EIN RIESIGES UND ÜBERAUS VIELFÄLTIGES Pflanzensortiment steht für die Beetgestaltung zur Verfügung, und ständig kommen dank züchterischer Bemühungen neue oder verbesserte Pflanzensorten dazu. Um den Überblick zu behalten, teilt man die Pflanzen entsprechend ihrer unterschiedlichen Lebensformen in drei große Gruppen ein: Gehölze, Stauden und Sommerblumen.
Die vielfältigen Wuchsformen der Pflanzen sind neben dem Spiel mit Farben, Strukturen und Konturen von Blüten oder Blättern ein wichtiges Gestaltungsmittel bei der Beetkomposition. Sie geben in der Kombination dem Beet über das Jahr sein charakteristisches, wechselndes Erscheinungsbild. Während Gehölze, also Bäume und Sträucher, eher eine statische Komponente im Formenspiel eines Beets darstellen, sorgen Stauden durch ihre im Jahreslauf sich ständig wandelnde Gestalt für Lebendigkeit und Dynamik.

UNTEN Violett in vielen Tönen: Auf diesem Beet bilden Gehölze wie der Rote Fächer-Ahorn 'Bloodgood' und der Rhododendron 'Tamarindos' sowie Stauden eine spannungsvolle und harmonische Pflanzenkomposition.

Gehölze

Zu dieser Gruppe gehören Bäume und Sträucher. Sie entwickeln jedes Jahr an den frischen, später verholzenden Trieben Erneuerungsknospen, aus denen die Pflanze neue Triebe, Blüten und Blätter oder Nadeln bildet. Die meisten Gehölze in unseren Breitengraden sind laubabwerfend, doch es gibt auch einige immergrüne Arten wie der bekannte Kirschlorbeer *(Prunus laurocerasus)*. Die meisten Nadelgehölze wie Fichten oder auch die Eibe *(Taxus baccata)* sind dagegen wintergrün. Bäume sind klar in Stamm und Krone gegliedert und erreichen teilweise eine erhebliche Höhe und Kronenbreite. Manche wachsen auch mehrstämmig, das macht sie für die Gestaltung besonders attraktiv. Die Stammhöhe kann durch bestimmte Maßnahmen in der Anzucht gezielt beeinflusst werden. So sind z. B. Kugelhochstämmchen wie Ahorn oder Robinie mit 200 cm, aber auch mit nur 80 cm hohen Stämmchen erhältlich.
Sträucher, zu denen auch die Rosen gehören, entwickeln keinen ausgeprägten Stamm, sondern schieben jedes Jahr neue Triebe meist aus der am Boden liegenden Basis hervor. Sie erreichen lediglich Höhen von 1–6 m. Manche Sträucher zeichnen sich auch durch einen eher kronenförmigen Wuchs aus, der ohne Schnittmaßnahmen im Lauf der Jahre immer schöner wird, etwa der Japanische Blumenhartriegel *(Cornus kousa)* oder die Tulpen-Magnolie *(Magnolia liliiflora)*. Sie sind besonders gut für eine Einzelstellung im Beet geeignet und werden auch Solitärgehölze genannt. Zwerg-Blütengehölze wie die Sommerspiere *(Spiraea japonica)* werden oft nur bis zu 1 m hoch und lassen sich sehr gut im Staudenbeet integrieren. Die meist kleinwüchsigen Halbsträucher wie Blauraute *(Perovskias)* oder Bartblume *(Caryopteris)* sind ausdauernde, im unteren Bereich verholzende Pflanzen, die an den neu austreibenden Trieben blühen und im zeitigen Frühjahr kräftig eingekürzt werden sollten, damit sie wieder gut austreiben.

Stauden

Stauden wie Pfingstrosen *(Paeonia)* oder Funkien *(Hosta)* sind ausdauernde, krautige, nicht verholzende Pflanzen, deren Erscheinungsbild sich übers Jahr ständig wandelt. Gräser, Farne sowie Zwiebel- und Knollenpflanzen zählen ebenfalls zu den Stauden. Zum Winter hin sterben ihre oberirdischen Teile ab und nur die frostharten, im Boden verborgenen Überwinterungsorgane überdauern bis zum nächsten Frühjahr. Aus ihnen entwickeln sich die Stauden dann aufs Neue. Viele Vorfrühlings- und Frühlingsblüher wie Schneeglöckchen *(Galanthus)* oder Osterglocken *(Narcissus)* besitzen besondere Überwinterungsorgane, die Zwiebeln und Knollen. Diese Speicherorgane für Nährstoffe und Wasser ermöglichen es ihnen, schon zeitig im Frühjahr zu blühen. Nach der Blüte sammeln sie über das Laub Nährstoffe in diesen Organen, ziehen dann ihr vergilbendes Laub ein und sind bis zum nächsten Frühjahr verschwunden. Man setzt sie daher so zwischen später austreibende Stauden, dass nach dem Einziehen keine Lücken im Beet bleiben.

Einige Stauden überdauern den Winter mit oberirdischen Blättern oder Blattrosetten, z. B. Christrose *(Helleborus)* oder Purpurglöckchen *(Heuchera)*. Sie bezeichnet man als wintergrüne Stauden. Der Lebenszyklus der meisten Stauden ist aber geprägt vom Neuaustrieb im Frühling, der Blühphase und dem Vergehen im Herbst.

Sommerblumen

Zu dieser Gruppe zählen Blütenpflanzen, die in unserem Klima nur in der warmen Jahreszeit gedeihen können, etwa die frostempfindliche Kapuzinerkresse oder Dahlien, deren Knollen im Winter aus dem Beet genommen werden müssen. Meist handelt es sich bei Sommerblumen aber um einjährige Pflanzen, die tatsächlich nur einen Sommer blühen und Samen bilden, dann absterben und jedes Jahr durch Aussaat neu herangezogen werden müssen. Beispiele sind Levkojen, Löwenmäulchen oder Wicken. Auch einige sogenannte Zweijährige Pflanzen wie das Stiefmütterchen, die bereits im Herbst keimen und dann im folgenden Jahr blühen, zählt man zu den Sommerblumen. Mit vorgezogenen Sommerblumen kann man Beeten jedes Jahr ein frisches Gesicht verleihen. Sie sind auch wertvoll, um freie Flächen in neu angelegten Beeten schnell zu bedecken.

Wichtig: die Pflanzennamen

Beim Pflanzenkauf ist es wichtig, exakt die gewünschte Art zu wählen. Dabei ist etwas botanisches Wissen hilfreich. Jede Pflanze hat einen lateinischen botanischen Namen und einen deutschen Namen. Der botanische Name setzt sich aus dem vorn stehenden Gattungs- und dem dahinter stehenden, stets klein geschriebenen Artnamen zusammen, z. B. *Geranium sanguineum*, der Blut-Storchschnabel. Eine andere Art der Gattung Storchschnabel *(Geranium)* ist der Armenische Storchschnabel *(Geranium psilostemon)*. Durch Züchtung sind von vielen Staudenarten neue Spielarten entstanden, die sich oft in der Farbe oder Form der Blüten unterscheiden. Sie werden als Hybriden oder Sorten der Art bezeichnet und durch Hinzufügen eines Sortennamens benannt. Vom Blut-Storchschnabel gibt es z. B. die Sorte 'Elsbeth', folglich lautet der botanische Na me dieser Storchschnabel-Sorte *Geranium sanguineum* 'Elsbeth'.

UNTEN Dahlien sind dankbare Hochsommer- und Herbstblüher. Sie lassen sich sehr gut mit Stauden kombinieren, wie hier mit Scheinsonnenhut, Blumen-Dost und Zierlauch.

Gartenstandorte und Standortfaktoren

DAS GEHEIMNIS SCHÖNER BEETE liegt nicht nur in einer stimmigen Farbkomposition, einer ausgefeilten Höhenstaffelung oder dem gekonnten Spiel mit Formenkontrasten. Ebenso wichtig ist es, die unterschiedlichen Standortansprüche der Pflanzen zu berücksichtigen. Denn nur Pflanzen, die sich an ihrem Standort mit ihren Pflanzennachbarn wohlfühlen, entwickeln sich zu voller Pracht und benötigen dabei auch am wenigsten Pflege. Diese standortgerechte Pflanzenverwendung nach den Lebensbereichen entstand bereits zu Beginn des letzten Jahrhunderts in Deutschland. Erst viel später wurde sie in England begeistert als »New German Style« aufgegriffen. Heute ist sie auch bei uns wieder zum Modethema in der Gartengestaltung avanciert, und das zu Recht. Doch auch für pflegeintensive sogenannte Prachtstaudenbeete, wie z. B. die traditionelle englische Mixed Border (gemischte Rabatte), eine nach vorwiegend ästhetischen Gesichtspunkten zusammengestellte Bepflanzung, sollte man sorgfältig einen Gartenstandort wählen, bei dem Licht, Boden und Feuchtigkeit passen.

Licht – von schattig bis sonnig

Intensität, Dauer und Zeitpunkt der Sonneneinstrahlung sind bedeutende Standortfaktoren und bestimmen die Pflanzenauswahl entscheidend. Ein Garten kann durch Lage und Ausrichtung, aber auch durch Gebäude sowie pflanzliche oder architektonische Gestaltungselemente wie Hecken, Gehölze und Mauern sehr unterschiedliche Belichtungssituationen aufweisen. In schattige Bereiche gelangt das Sonnenlicht nur indirekt und in geringer Intensität. Der tiefe, trockene Schatten unter dichten Baumkronen, der bei immergrünen Laub- oder Nadelgehölzen das ganze Jahr herrscht, gilt als Problemstandort. Dagegen sind die Nordseiten von Gebäuden, Mauern oder Hecken oft wertvolle Standorte für Schattenpflanzen. Absonnige Gartenzonen sind zwar hell, aber nur in sehr kurzen Phasen im Tageslauf direkter Sonne ausgesetzt. Ein Wechsel zwischen schattigen und sonnigen Phasen unterschiedlicher Dauer kennzeichnet den Halbschatten, wo die Sonne etwa den halben Tag lang scheint. Dem Zeitpunkt kommt dabei eine wichtige Bedeutung zu. So sind die milderen Sonnenstunden am Morgen und Vormittag oder am Abend für Schattenstauden günstiger als die heißen Mittags- und Nachmittagsstunden. Viele Schattenstauden tolerieren auch sonnigere Standorte, wenn diese eine höhere Boden- und Luftfeuchtigkeit aufweisen und windgeschützt sind. Sonnenhungrige Pflanzen kommen aber auch mit kurzen Schattenphasen im Tageslauf zurecht. Scheint die Sonne deutlich mehr als den halben Tag, also immer auch in den Mittagsstunden, handelt es sich um einen sonnigen Standort.

Der Boden

Bevor Sie mit der Planung einer Bepflanzung beginnen, sollten Sie prüfen, wie der Boden in Ihrem Garten beschaffen ist. Je besser die Bodenqualität den Bedürfnissen der Pflanzen entspricht, umso besser entwickeln sie sich. Grundlegendes Merkmal für die Qualität des Bodens ist die sogenannte Bodenart. Sie steht für die Mischung unterschiedlicher Größen mineralischer Teilchen im Boden. Man unterscheidet zwischen leichtem, mittlerem und schwerem Boden sowie den drei Größengruppen Sand, Schluff und Ton (▶ Info). Dabei ist Sand das gröbste und Ton das feinste

Die Fingerprobe

Eine grobe Einschätzung der Bodenart können Sie mithilfe der Fingerprobe vornehmen. Nehmen Sie eine walnussgroße, leicht feuchte Bodenprobe. Lässt sie sich auf der Hand mehrfach zu einer bleistiftdicken Wurst mit glatter, glänzender Oberfläche ausrollen, ist der Tonanteil sehr hoch, und es handelt sich um eher lehmigen, schweren Boden. Zerfällt die Probe beim ersten Ausrollversuch, ist es ein leichter, sandiger Boden. Mittlerer Boden lässt sich gut formen, man fühlt jedoch die gröberen Sandanteile beim Ausrollen. Die Rolle bricht leichter.

Material. Das Mischungsverhältnis dieser Teilchen bestimmt die Wasserführungs- und Wasserspeicherfähigkeit, die Durchlüftung, die Durchwurzelbarkeit sowie den Nährstoffhaushalt und somit die Fruchtbarkeit des Bodens. In bestimmten Grenzen lässt sich die Bodenqualität beeinflussen, um so die Palette geeigneter Pflanzen zu erweitern. Beispielsweise kann nährstoffreicher, lehmiger Boden durch Einarbeiten von grobem Sand und feinem Splitt abgemagert und dann mit Stauden bepflanzt werden, die nährstoffarme, durchlässige Böden bevorzugen. Umgekehrt kann man zu magere Böden mit Humus anreichern. Humus ist das organische Material im Boden und ein weiterer Faktor für seine Fruchtbarkeit. Er ist wichtig für die Ernährung der Bodenlebewesen, reguliert den Wasser- und Nährstoffgehalt und sorgt für ein optimales Bodengefüge. Im Idealfall liegt der Humusgehalt bei 5–10 % . Für eine grobe Einschätzung gilt: Je dunkler der Boden, desto höher sein Humusgehalt. Wer genau wissen will, ob die Nährstoffversorgung seines Bodens ausgewogen ist, schickt eine Bodenprobe zur Analyse ein (▶ Seite 179, Adressen). Auch der pH-Wert wird dabei bestimmt, und Sie erhalten Empfehlungen zur Bodenverbesserung und Düngung.

Der pH-Wert

Der pH-Wert kennzeichnet den Säuregehalt eines Bodens und hat großen Einfluss auf dessen Qualität und Fruchtbarkeit. Je niedriger der Wert, umso saurer ist ein Boden und umso geringer ist sein Kalkgehalt. Pflanzen haben unterschiedliche Ansprüche an den pH-Wert. Manche bevorzugen eher saure Böden mit Werten zwischen 4 und 6, etwa Hortensien *(Hydrangea)* oder Rhododendren sowie viele Schattenstauden. Andere lieben eher alkalische Böden mit pH-Werten zwischen 7 und 8, etwa Rosen oder mediterrane Halbsträucher sowie viele Stauden, die Trockenheit und Sonne lieben. Der Wert 7 steht für eine neutrale Bodenreaktion. Für optimales Pflanzenwachstum sind Böden mit einem pH-Wert im schwach sauren bis neutralen Bereich am günstigsten.

OBEN Die Lichtverhältnisse im Garten können sehr vielfältig sein: Abhängig von der Jahreszeit und dem Sonnenstand gibt es oft fließende Übergänge zwischen schattigen, halbschattigen und sonnigen Gartenbereichen.

OBEN Auch unter eingewachsenen Gehölzen gedeihen erstaunlich viele Stauden mit attraktivem Laub und filigranen Blüten wie Farne, Lenzrosen und Schneeglöckchen. Sie blühen meist im Frühjahr.

Die Lebensbereiche der Stauden

DIE EINTEILUNG DER STAUDEN nach ihren Lebensbereichen hat die Bedingungen der Wildpflanzen am Naturstandort zum Vorbild. Sie ist die Basis der standortgerechten und pflegeleichten Pflanzenverwendung des »New German Style«. Die Lebensbereiche sind eine wichtige Orientierungshilfe beim Kauf geeigneter Stauden, denn nach dieser Klassifizierung sind die Stauden im Handel üblicherweise etikettiert und sortiert, was die Auswahl sehr erleichtert.

Die meisten der in diesem Buch vorgestellten Beet-Module basieren auf diesem Ansatz der Pflanzenverwendung und sind daher sehr pflegeleicht. Bei jedem Modul finden Sie Angaben zum gewünschten Lebensbereich und den Standortbedingungen. Außerdem werden nicht nur die im Modul verwendeten Pflanzen vorgestellt, sondern weitere zum Modul und zum jeweiligen Standort passende sogenannte Ergänzungspflanzen, mit denen Sie auch ohne größere Vorkenntnisse ganz einfach Ihr individuelles Beet variieren und an Ihre persönlichen Wünsche anpassen können. Sie sollten sich dabei jedoch immer wieder bewusst machen, dass Pflanzen Lebewesen sind, die manchmal nicht so funktionieren, wie wir es uns wünschen. Patentrezepte gibt es nicht, und Misserfolge bleiben manchmal nicht aus. Lassen Sie sich aber keinesfalls entmutigen. Vielmehr gilt es, die Pflanzen genau zu beobachten, um ihre Eigenheiten näher kennenzulernen, zu akzeptieren und schätzen zu können. Klappt es mit einer bestimmten Pflanze aus unerfindlichen Gründen nicht, wählen Sie einfach eine andere der vorgeschlagenen Ergänzungspflanzen aus.

Lebensbereiche, die wir oft in unseren Gärten finden, sind Gehölz (G) und Gehölzrand (GR), Freifläche (Fr), Beet (B) sowie Steinanlage (St). Jeder dieser Bereiche kann einen unterschiedlichen Grad der Bodenfeuchtigkeit aufweisen und wird daher nochmals in die drei Gruppen trocken (1), frisch (2) oder feucht (3) unterteilt. Am Teich sind die Lebensbereiche Wasserrand (WR) mit Sumpfzone

(1) und Röhrichtzone (2) sowie Wasser (W) mit vier unterschiedlichen Tiefenzonen definiert.
Die Übergänge zwischen den einzelnen Lebensbereichen sind oft fließend, und viele Stauden sind erstaunlich anpassungsfähig. Manche gedeihen als Allrounder auch in ganz unterschiedlichen Bereichen, andere wiederum verzeihen Fehler bei der Standortwahl nicht.

Gehölz (G)

Dieser Lebensbereich liegt im unmittelbaren Einflussbereich von eingewachsenen Bäumen und Sträuchern. Stauden, die hier gedeihen, sind extrem schattenverträglich und bevorzugen einen humosen, lockeren, neutralen bis leicht sauren Humusboden, der sich über Jahre aus dem abgefallenen Laub der Gehölze gebildet hat. Fast das ganze Jahr über ist es hier schattig oder halbschattig, oft ohne direkte Sonneneinstrahlung. Nur im Frühling, vor dem Laubaustrieb der Gehölze, erreichen die Sonnenstrahlen den Boden – ideale Bedingungen für Vorfrühlings- und Frühlingsblüher. Doch auch viele Blüten- und Blattschmuckstauden kommen mit solchen Standortbedingungen gut zurecht, etwa Lungenkraut *(Pulmonaria)*, Waldsteinie *(Waldsteinia)* oder Wurmfarn *(Dryopteris)*. Die Schattenbeet-Module 2 und 3 aus dem Gestaltungsthema »Schattenbeete« sind Beispiele für Bepflanzungen aus diesem Lebensbereich.

Gehölzrand (GR)

Der Gehölzrand ist eng mit dem Lebensbereich Gehölz (G) verknüpft, bildet aber auch einen vielfältigen Übergangsbereich zur Freifläche (Fr). Bäume und Sträucher bestimmen das Bild und sind der Rahmen für attraktive Staudenpflanzungen. Je nach Ausrichtung ergeben sich sonnige, halbschattige oder absonnige Bereiche. Die Bodenverhältnisse können ebenfalls sehr unterschiedlich sein. Viele Staudenarten, die wechselnde Lichtverhältnisse, leichten Wurzeldruck und den Laubfall von Gehölzen tolerieren, stehen hier zur Wahl. Typische Vertreter für halbschattige, nicht zu trockene Gehölzrandbereiche sind Funkien *(Hosta)*

OBEN LINKS Die zarten rosa Blüten der Sterndolden bringen den halbschattigen Gehölzrand zum Leuchten und stehen in schönem Kontrast zu den Blütenfackeln der Prachtspiere 'Purpurlanze'.

OBEN RECHTS Ein lebendiges, naturhaftes Beispiel für den Lebensbereich trockene Freifläche: Blumen-Dost 'Herrenhausen', Kugel-Lauch, gelb blühende Sonnenbraut und malerische Gräser.

OBEN Rudbeckien, Stauden-Sonnenblumen, Flammenblume und Goldrute sind typische Blütenstauden der nordamerikanischen Prärie. Sie fühlen sich auf sonnigen, feuchten Freiflächen besonders wohl.

oder Silberkerzen *(Cimicifuga)*. Am sonnigen, trockenen Gehölzrand überzeugen zum Beispiel Blut-Storchschnabel *(Geranium sanguineum)* oder Fingerhut *(Digitalis)*.
Das Modul 1 aus dem Thema »Schattenbeete« ist ein Beispiel für eine Bepflanzung im halbschattigen Gehölzrand mit nicht zu trockenem Boden.

Freifläche (Fr)

Die teils sehr anspruchslosen Stauden dieses Bereichs bevorzugen offene sonnige Standorte ohne Konkurrenz durch größere Gehölze. Kleinere Solitärsträucher werden durchaus toleriert und sind als spannungsreiches Gestaltungselement erwünscht. Auch hier können sehr unterschiedliche Bodenverhältnisse herrschen, von extrem durchlässig, trocken und nährstoffarm bis zu sehr feucht und lehmhaltig mit hohem Nährstoffgehalt.

Trockene Freifläche (Fr 1-2)

Stauden der trockenen Freifläche sind meist genügsame Lebenskünstler. Sie lieben vollsonnige Standorte und gut dränierte, durchlässige und eher nährstoffarme Böden. Schwere Lehm- oder Tonböden, auf denen das Wasser schlecht versickert, sind nicht geeignet, da sie nur mit sehr hohem Aufwand an die Bedürfnisse der Stauden angepasst werden könnten.
Auf trockenen Freiflächen fühlen sich neben mediterranen Kräutern und Halbsträuchern wie Lavendel *(Lavandula)* oder Blauraute *(Perovskia)* Sonne und Trockenheit liebende Stauden und Zwiebelpflanzen wie Spornblume *(Centranthus)* oder Zierlauch *(Allium)* wohl. Ein Merkmal dieser Pflanzengruppe ist ihr oft graues oder silbriges, teils samtig behaartes Laub, das vor Verdunstung schützt. Auch viele Gräser, Präriestauden und heimische Wildstauden bevorzugen diesen Lebensbereich. Die Module 1–3 aus dem Gestaltungsthema »Kiesbeete«, die Beet-Module 1 und 2 aus dem Gestaltungsthema »Gräserbeete« sowie das Modul 3 aus dem Gestaltungsthema »Präriebeete« sind schöne Beispiele für abwechslungsreiche und pflegeleichte Bepflanzungen dieses Bereichs.

Frische bis feuchte Freifläche (Fr 2–3)

Stauden dieses Lebensbereichs lieben ebenfalls sonnige Standorte, möchten aber auf tiefgründigen, sandig-lehmigen Böden mit hohem Nährstoffgehalt und gutem Wasserhaltevermögen wachsen. Bei sehr schweren, tonigen Böden sollte die Bodenstruktur vor der Pflanzung durch Umgraben und Einarbeiten von reichlich grobem Sand und Kompost verbessert werden. Sehr sandige, leichte Böden, die schnell austrocknen, sind für diesen Bepflanzungstyp nicht geeignet.

Typische Standorte sind feuchte Mulden und Senken sowie Gartenbereiche mit hohem Grundwasserstand in Sonne bis Halbschatten. Hier gedeihen eindrucksvolle Blattschmuckstauden wie Kreuzkraut *(Ligularia)* und Schildblatt *(Darmera)*, aber auch Feuchtwiesen-Stauden wie Wiesen-Storchschnabel *(Geranium pratense)* besonders gut. Auch typische Uferrandstauden wie der mächtige Wasserdost (*Eupatorium*) oder die Sumpf-Schwertlilie *(Iris pseudacorus)* sowie aus den nordamerikanischen Prärien stammende Stauden wie Indianernessel *(Monarda)*, Sonnenhut *(Rudbeckia)* oder Raublatt-Astern *(Aster novae-angliae)* fühlen sich hier wohl.

Die Module 1 und 2 aus dem Gestaltungsthema »Präriebeete« und das Modul 3 aus dem Gestaltungsthema »Gräserbeete« zeigen stimmungsvolle Bepflanzungsbeispiele für diesen Lebensbereich.

Beet (B)

Der Lebensbereich Beet gilt als »künstlicher« Gartenstandort. Hier fühlen sich die anspruchsvolleren, in vielen farbenprächtigen und großblütigen Sorten gezüchteten Pracht- oder Beetstauden wie Flammenblume *(Phlox paniculata)* und Rittersporn *(Delphinium)* wohl. Sie brauchen mehr Pflege und lieben einen offenen, tiefgründigen und dabei lockeren, gut mit Nährstoffen versorgten Boden, der nicht zu schnell austrocknet. Viele Beetstauden bevorzugen sonnige Standorte, doch auch einige Halbschatten liebende Arten aus dem Lebensbereich Gehölzrand (GR) wie Funkien *(Hosta)* oder Prachtspieren *(Astilbe)* kommen hier gut zurecht.

Die drei Module aus dem Gestaltungsthema »Mixed Border Style« sind Beispiele für pflegeintensivere Beetstaudenpflanzungen.

Steinanlagen (St)

Die Stauden dieses Lebensbereichs benötigen für eine optimale Entwicklung den direkten Kontakt zu Steinen, Kies oder Schotter. Dabei kann es sich sowohl um architektonische Gestaltungselemente wie Mauern, Wege und Treppen als auch um Kies- und Schotterflächen, Felsplatten oder auch um natürliche Gesteinsbrocken handeln. Eine typische Steingartenpflanze ist das Blaukissen (*Aubrieta*-Hybriden).

Wasserrand (WR 1–2) und Wasser (W)

Der Lebensbereich Wasserrand gliedert sich in zwei Zonen. Direkt an die Wasserfläche schließt sich die stets feuchte, häufig auch überflutete Röhrichtzone (WR 2) an. Hier gedeihen Stauden, die einen ständig niedrigen Wasserstand tolerieren wie die Sumpfiris *(Iris laevigata)*. In der wechselfeuchten Sumpfzone (WR 1) fühlt sich die Sumpfdotterblume *(Caltha palustris)* wohl. Die Bepflanzung des Lebensbereichs Wasser richtet sich nach der Wassertiefe. In der Flachwasserzone (20–40 cm) stehen die Triebe der Wasserstauden meist oberhalb des Wasserspiegels. Ab ca. 70 cm Tiefe beginnt die Tiefwasser- oder Seerosenzone.

UNTEN Auf dieser gemischten Rabatte sind prächtig blühende Dreimasterblumen und Storchschnabel harmonisch kombiniert und setzen den Etagen-Schneeball mit seinen weißen Doldenblüten gekonnt in Szene.

Aspekte bei der Pflanzenwahl

DIE VIELFÄLTIGEN ÄSTHETISCH wirksamen Eigenschaften der Pflanzen sprechen all unsere Sinne an. Form, Farbe und Duft von Laub und Blüten, die unterschiedlichen Oberflächen sowie Wuchsform und -höhe spielen daher bei der Beetgestaltung eine Rolle.

Die Blütezeit der Pflanzen beachten

Ein zu jeder Jahreszeit üppig blühendes Beet ist wohl der Traum jedes Gartenbesitzers. In der Realität lässt sich dies jedoch kaum umsetzen. Ein Beet kann aber durch gezielte Pflanzenwahl zu jeder Jahreszeit hübsche Blühaspekte bieten.
Sie können Ihr Beet auch einem jahreszeitlichen Thema, z. B. Frühling oder Herbst, widmen. So ergeben sich zwar zeitlich begrenzte, dafür jedoch üppige Blühhöhepunkte. Beete in sehr kleinen Gärten oder vor einer Terrasse oder am Hauseingang, die immer im Blickfeld sind, sollten jedoch zu jeder Jahreszeit attraktive Blüten bieten.
Die meisten Stauden blühen nur wenige Wochen, etwa Pfingstrosen *(Paeonia)*. Manche Stauden blühen ein zweites Mal, wenn man sie nach der Blüte zurückschneidet, wie der Steppensalbei *(Salvia nemorosa)*. Sie bezeichnet man als remontierende Stauden. Nur wenige blühen ohne Pause vom Frühling bis zum Herbst, wie der Armenische Storchschnabel 'Anne Thomson' (*Geranium Psilostemon*-Hybride).
Voraussetzung für eine effektvolle Farbkomposition ist, dass die Staudenpartner möglichst lange gleichzeitig blühen. Ein Blühkalender, in dem eine dem Standort entsprechende Staudenauswahl zusammengestellt wurde, ist daher bei der Planung eine große Hilfe. Blühbeginn und -dauer sind hier in der entsprechenden Blütenfarbe markiert. So haben Sie einen Überblick, welche Stauden in welcher Farbe und Höhe zu welcher Zeit zusammen blühen. Einen solchen Blühkalender finden Sie bei jedem Beet-Modul in diesem Buch.

UNTEN Alles ist erlaubt: Die zarten grüngelben Blüten des Frauenmantels gehen in dieser Pflanzenkombination eine harmonische Verbindung mit dem blaugrünen, gelb gerandeten Laub der Funkie ein.

Blüten- und Blattfarben

Die riesige Pflanzenauswahl ist die Farbpalette für das Malen mit den Farben der Natur. Unsere Lieblingspflanzen und Vorlieben für bestimmte Farben sowie das individuelle Farbempfinden inspirieren uns und lassen Farbstimmungen entstehen, die uns ansprechen und gefallen.
Wer sich jedoch gern von festen Regeln leiten lässt, findet in der Farbenlehre eine Orientierungshilfe. Im Farbkreis sind die drei Grundfarben Rot, Blau und Gelb und die durch Farbmischung entstandenen Sekundärfarben Orange, Grün und Violett mit ihren jeweiligen Zwischenstufen wie in einem Regenbogen angeordnet. Auf der einen Kreishälfte liegen die kühlen Farbtöne Blau, Grün, Violett und Türkis. Auf der anderen Hälfte liegen die warmen Töne von Gelb über Orange bis Rot. Warme Töne vermitteln Energie und Lebendigkeit, treten jedoch auch stärker in den Vordergrund, was in kleinen Gärten ein Nachteil sein kann. Kühle Töne wirken edel und treten eher in den Hinter-

grund. Sie vermitteln Tiefe, wodurch der Garten größer wirkt, als er tatsächlich ist.
Blütenmenge, Größe der einzelnen Blüten und die Form des Blütenstands bestimmen die Farbwirkung entscheidend mit. Für Ausdrucksstärke und eine gute Fernwirkung sollten Sie Stauden einer Farbe in größeren Gruppen verwenden, sonst wirkt ein Beet schnell unruhig und ausdruckslos. Das gilt besonders für Pflanzen mit kleinen Blüten oder konturschwachen Blütenständen.
Bei den grünen Blattfarben gibt es vielfältige Abstufungen von zartem Lindgrün über Gelbgrün oder Graugrün bis hin zu dunklem Grün. Pflanzen mit andersfarbigem Laub oder Stängeln bringen durch den starken Kontrast zu den vorherrschenden Grüntönen viel Spannung ins Beet. Die Palette reicht von dunklem Weinrot über Braunschwarz bis hin zu gelblichen, grauen oder silbrigen Tönen. Laub mit andersfarbigen Streifen, Flecken oder Marmorierungen, sogenanntes panaschiertes Laub, zaubert interessante Effekte ins Beet. Häufig tritt dann sogar die Farbwirkung der Blüten in den Hintergrund. Die Farbe des Laubs kann sich in den Blütenfarben wiederholen oder in Kontrast zu ihnen gesetzt werden. Kombiniert man ähnliche Blattfarben, sollte man möglichst kontrastreiche Formen und Oberflächen verwenden, um dem Beet die nötige Struktur und Spannung zu geben.

Farben variieren

Die Beet-Module in diesem Buch bilden eine gute Starthilfe für das Malen mit Blütenfarben. Geeignete Pflanzen zum Ergänzen finden Sie in den Blühkalendern. Die farbliche Variation kann durch Austauschen einzelner oder auch mehrerer Pflanzen des Moduls durch anders blühende Sorten und Arten erfolgen. Die Größe des Moduls muss dabei nicht verändert werden. Weitere Möglichkeiten hinsichtlich der Farbgestaltung ergeben sich bei einer Vergrößerung der Module. Mutige und Erfahrene können auch andere Stauden ihrer Wahl hinzunehmen, die allerdings zu dem entsprechenden Lebensbereich passen sollten.

Mit Blüten- und Blattformen gestalten

Für eine optimale Wirkung beim Spiel mit Blütenformen sorgt eine durchdachte Höhenstrukturierung, denn manche Blütenstände wirken besser, wenn sie über anderen schweben – etwa Kugelformen über Dolden. Andere kommen erst auf gleicher Höhe mit ihren Blühpartnern gut zur Geltung. Aufrechte Blütenkerzen, die auf hohen Stielen über dem Beet schweben, lenken den Blick nach oben und bilden vertikale Elemente im Beet. Auch kugelige oder halbkugelige Blütenformen mit klaren Konturen übernehmen bei entsprechender Größe eine tragende Rolle. Ihre Gegenspieler sind große, flache Dolden und Korbblüten, die wie Teller im Beet schweben. Lockere Dolden oder längliche Rispen wirken in Gruppen wie kleine Wolken und kontrastieren schön mit strengeren Formen. Zierliche Köpfchen und Quirle entfalten erst in großer Zahl ihre volle Wirkung.
Das Laub erscheint meist lange bevor sich die ersten Blüten öffnen, und auch danach prägt es das Beet. Große schlichte Blattformen wirken elegant und statisch, kleinteilig strukturierte Blätter lebendig. Die unterschiedlichen Blattoberflächen, von glänzend fest über runzelig bis zu samtig weich, verlocken zu spannenden Kombinationen. Besonders wertvoll sind Pflanzen, die mit ihrem immergrünen Laub auch im Winter die Beete beleben.

UNTEN Mit kugeligen Blütenformen lassen sich wirkungsvolle Akzente setzen. Die stahlblauen Blütenbälle der Kugeldistel und die weißen Blütenkerzen des Kandelaber-Ehrenpreis sind ein besonders schönes Beispiel.

OBEN Die goldgelben Blütendolden der Schafgarbe ziehen sich als Band durchs Beet. Als Leitstaude gibt sie im Hochsommer den Ton an und verleiht der Pflanzung ihren besonderen Charakter.

Wuchsformen, Höhenstaffelung und Leitstaudenprinzip

Harmonie, Kontrast, Rhythmus und Wiederholung sind wichtige Gestaltungsprinzipien. Starke Kontraste in Wuchsform, Farbe und Kontur bringen Spannung ins Beet, während Pflanzen mit ähnlichen ästhetischen Eigenschaften Ruhe und Harmonie vermitteln.

Wuchsformen

Die Wuchsformen der Pflanzen sind ein wichtiges Gestaltungsmoment. Sie geben in ihrer Kombination dem Beet sein charakteristisches Gesicht. Anzahl und Anordnung der Pflanzen mit gleichen oder unterschiedlichen Wuchsformen und -höhen bestimmen dabei die Raumwirkung.

- Hohe, straff aufrecht wachsende Stauden und Gräser setzen, einzeln angeordnet, Ausrufezeichen ins Beet und lenken den Blick auf sich. Richtungweisend betonen sie die Vertikale und geben dem Beet eine spannungsvolle Dynamik.
- Pflanzen mit gedrungenem, rundlichem Wuchs wirken statisch und strahlen Ruhe aus. Formale Eibenkugeln sind das beste Beispiel. Sie bilden in einer lebhaft bunten Staudenpflanzung den nötigen Ruhepol und geben dem Beet innere Struktur und Festigkeit.
- Stauden und Gräser, die mit klar umrissenen oder markanten Wuchsformen in lockerem oder regelmäßigem Abstand durchs Beet ziehen, halten die Pflanzung optisch wie ein Band zusammen. Dies ist besonders bei größeren Beeten sehr wirkungsvoll.
- Überhängende Wuchsformen wirken lebendig und malerisch, benötigen aber Platz. Sie kommen im Beetvordergrund oder in Kombination mit eher kugelig wachsenden Stauden besonders gut zur Geltung. Einzelne vertikale Strukturen in der Nachbarschaft sorgen für Spannung.

Nicht immer ist die Wuchsform einer Pflanze klar umrissen. Laub, Stängel und Blütenstände können auch wolkig und wie feine Schleier ausgebildet sein. Sie bringen einen ganz besonderen Charme ins Beet, vor allem zusammen mit klaren Formen, die dann wie von einer Wolke umhüllt erscheinen. Pflanzen ohne markante Wuchsform wirken meist in Gruppen oder als Füllpflanzen in Kombination mit formaleren Wuchsformen am besten.

Höhenstaffelung

Die Höhenstrukturierung ist auch im Hinblick auf die Standortansprüche der Pflanzen von Bedeutung. Die Stauden müssen entsprechend ihrer jahreszeitlichen Höhenentwicklung so benachbart werden, dass ihre Blüten voll zur Geltung kommen. Sie sollten nicht durch höhere Stauden zu sehr verdeckt und beschattet werden, sonst können sie sich nicht optimal entwickeln.

Bei der klassischen pultförmigen Höhenstaffelung sind die niedrigsten Pflanzen im Beetvordergrund und die höchsten im Hintergrund angeordnet. Dies ist für Beete ideal, die vor Mauern oder Hecken liegen und nur von einer Seite betrachtet werden. Beete, die frei stehen, sollten eher eine kegel- oder pyramidenförmige Höhenstruktur aufweisen. Die Höhenstaffelung darf aber auch nicht zu starr sein. Einzelne hohe Stauden, in den Vordergrund des Beets gerückt oder niedrige Stauden mit teppichförmigem Wuchs, die sich flächig zur Beetmitte ziehen, sorgen für Abwechslung.

Ganz besondere Effekte ergeben sich, wenn alle Blüten bunt gemischt mehr oder weniger auf einer Ebene liegen. So entsteht der Eindruck eines fein gewebten, bunten Blütenteppichs. In Verbindung mit einem stimmigen Farbthema ergeben sich so ungewohnte und überraschende Blütenbilder.

Solitär-, Leit- und Begleitstauden

Entsprechend ihres Erscheinungsbilds kann man Stauden bestimmte Funktionen zuweisen. Dabei unterscheidet man zwischen Solitärstauden, die meist einzeln im Beet stehen und trotzdem eine große Wirkung erzielen, und Leitstauden, die sich einzeln oder in unterschiedlich großen Gruppen wiederholen. Leitstauden sollten einen ansprechenden Wuchs, ausdauernde, ausdrucksstarke Blüten oder attraktives Laub über die ganze Vegetationsperiode aufweisen. Begleitstauden füllen die Flächen zwischen Solitär- und Leitstauden und wirken eher als Hintergrund.

Rhythmus und Wiederholung

Der Rhythmus steht für eine mehr oder weniger regelmäßige Wiederholung bestimmter Gestaltungseinheiten innerhalb einer Staudenpflanzung in Form von einzelnen Pflanzen, großen und kleinen Gruppen oder kleinen Beetabschnitten, z. B. in Form von Beet-Modulen aus diesem Buch. Der Rhythmus sorgt für eine gewünschte Struktur und bringt Dynamik und Bewegung in die Pflanzung. Hierdurch wirkt das Beet interessant und abwechslungsreich und fesselt das Auge des Betrachters. So sorgen beispielsweise Bänder aus Stauden einer Sorte, die sich durchs Beet ziehen, für den inneren Zusammenhalt. Gut geeignet hierfür sind Leitstauden und Stauden mit besonderer Silhouette oder einer ausdrucksstarken, lang anhaltenden Blüte.

UNTEN Die bis zu 1,5 m hohe Hortensie 'Annabelle' steht im Hintergrund und bildet ein schönes Bühnenbild für den Auftritt des niedrigeren Entenschnabel-Felberichs und der Sommer-Margerite.

Richtig planen – vom Modul zum Beet

EGAL, OB SIE SICH EIN KLEINES BEET für den Vorgarten, eine lange Rabatte oder ein großzügiges Inselbeet im Rasen wünschen – die unterschiedlichen, nach Lebensbereichen und Gestaltungsthemen sortierten 17 Beet-Module in diesem Buch sind die Bausteine für attraktive, funktionierende Staudenpflanzungen und bilden die Grundlage für die Planung und Anlage Ihres persönlichen Lieblingsbeets. Was dabei zu beachten ist und wie Sie dabei vorgehen sollten, erfahren Sie in diesem Kapitel.

Beete selbst planen und anlegen

Ein selbst geplantes und angelegtes Staudenbeet erfüllt jeden Hobbygärtner mit einem gewissen Stolz. Zudem haben Sie bereits durch den Planungsprozess und die Anlage eine engere Beziehung zum Beet aufgebaut und die dort wachsenden Pflanzen genauer kennengelernt. Dadurch wächst meist auch die Bereitschaft für die notwendige Pflege und das lenkende Eingreifen bei Bedarf, wenn beispielsweise der Fingerhut *(Digitalis)* durch Selbstaussaat zu stark im Beet vagabundiert. Und für einige ist das erste selbst geplante und angelegte Beet auch der Beginn einer wundervollen Gartenleidenschaft.

Bevor Sie mit der Beetgestaltung mit Modulen beginnen, sind einige Vorüberlegungen notwendig. Auf den folgenden Seiten erfahren Sie, worauf es bei der Beetplanung ankommt und welche Punkte Sie vorab klären sollten.

BEVOR SIE MIT DER PLANUNG und Anlage eines Staudenbeets beginnen, sollten Sie Ihre persönlichen Wünsche und Vorstellungen zu Blütezeit, Farbthema, Beetgröße und Pflegeaufwand erkennen und festlegen. Auch die manchmal recht unterschiedlichen Standortbedingungen in Ihrem Garten sollten Sie sorgfältig betrachten. Je gründlicher Sie dabei vorgehen, umso schöner und befriedigender wird das Ergebnis sein.

Vielleicht wissen Sie bereits, an welcher Stelle in Ihrem Garten Sie sich ein schönes blühendes Beet wünschen, und suchen nun nach einer geeigneten Beetidee, die zu diesem Standort passt. Oder Sie haben bereits bestimmte Vorstellungen, welche Pflanzen, Farbkombinationen oder Themen Sie sich wünschen, wissen jedoch nicht genau, ob und an welcher Stelle im Garten ein solches Beet einen geeigneten Platz finden kann.

Haben Sie mögliche Beetstandorte im Garten ausgewählt, sollten Sie die jeweiligen Standortbedingungen – also Licht, Bodenart und Bodenfeuchtigkeit prüfen (▶ Seite 12–13). Nehmen Sie sich hierfür ausreichend Zeit, und beobachten Sie den entsprechenden Gartenbereich im Tages- und Jahreslauf genau. Es ist hilfreich, sich hierzu Notizen zu machen. Wann und wie lange liegt der anvisierte Bereich in voller Sonne oder im Schatten? Trocknet der Boden bei Wärme schnell aus, oder bleibt er, nachdem es geregnet hat, lange feucht oder sogar nass? Zu berücksichtigen ist auch, ob größere Gehölze in der Nähe stehen, die mit ihrem weit reichenden Wurzelsystem dem Boden sehr viel Feuchtigkeit entziehen.

Auf Grundlage dieser Informationen können Sie dem Standort in Ihrem Garten einen entsprechenden Lebensbereich für Stauden (▶ Seite 14–17) zuordnen. Sollte die Qualität des Bodens nicht mit Ihren Wünschen zur Bepflanzung übereinstimmen, können Sie durch eine gezielte Bodenverbesserung den Standort in gewissem Umfang an den gewünschten Lebensbereich anpassen. Träumen Sie beispielsweise von einem üppig blühenden Präriebeet, so ist ein sonniger, freier Standort, mit einem nährstoffreichen, durchlässigen, nicht zu trockenen Boden notwendig, der dem Lebensbereich Freifläche (Fr 2–3) entspricht. Ist der Standort zwar sonnig, der Boden aber eher sandig und trocken, kann man durch mehrmaliges Einarbeiten

von Stein- und Tonmehl sowie Kompost und organischem Dünger den Boden ein Stück weit optimieren (▶ Seite 34).

Die Beetgröße

Wer ein großes Grundstück mit mehr als 1000 m^2 besitzt, kann bei der Wahl der Beetgröße großzügig sein, vorausgesetzt, er ist bereit, entsprechend viel Zeit für die Pflege aufzuwenden. Die meisten Gartenbesitzer werden aber wohl eher weniger Platz zur Verfügung haben – manchmal nur einige Quadratmeter.

Größere Beete haben nicht generell die bessere Wirkung im Garten. Auch Mini-Beete mit wenigen Stauden können, richtig platziert, ein Eyecatcher sein. Bei bestimmten Bepflanzungsthemen wie beispielsweise den Präriebeeten ist es jedoch für die Gesamtwirkung vorteilhaft, das Beet möglichst groß anzulegen.

Die Beetgröße sollte selbstverständlich auch in einem ausgewogenen Verhältnis zu anderen Gartenelementen wie Terrassen und Wegen stehen. Allerdings gibt es gewisse Mindestmaße, die möglichst nicht unterschritten werden sollten. Ein abwechslungsreich bepflanztes Staudenbeet sollte eine Breite von mindestens 80 cm und eine Mindestlänge von 120 cm aufweisen.

Beetform und -funktion

Nicht nur im Hinblick auf ihre äußere Form, sondern auch auf die Funktion, die sie innerhalb des Gesamtkonzepts eines Gartens übernehmen, bieten Beete vielfältige Gestaltungsmöglichkeiten. Soll das Beet einen gewissen Sichtschutz vor der Terrasse oder zum Nachbarn bieten? Dann ist es natürlich wichtig, dass die Pflanzen möglichst bald im Gartenjahr eine entsprechende Höhe erreichen, damit sie ihre Funktion erfüllen können. Lange, streifenförmige Beete in unterschiedlichen Breiten, sogenannte Rabatten, können als dekorativer Rahmen einen Weg begleiten oder Sitzplätze und Terrassen stimmungsvoll einfassen. Sie bilden auch einen attraktiven Vordergrund für formal geschnittene Gartenhecken oder verdecken unansehnliche Mauern, Hauswände oder Zäune. Platzieren Sie das Beet aber bitte nicht direkt vor die

OBEN Auch kleine Beetabteile in Stadtgärten, die eng mit der Architektur verknüpft sind, lassen sich mithilfe einer gut durchdachten Planung sehr wirkungsvoll bepflanzen.

OBEN Großzügige, organisch geschwungene Beete legen sich malerisch vor eine große Terrasse im englischen Landhausstil.

Hecke, sondern planen Sie einen mindestens 50 cm breiten Pfad dazwischen ein, damit genug Platz für den Heckenschnitt bleibt.

Beete lassen sich aber auch in organischen Formen anlegen, die sich um oder vor einzelne Gehölze, Gehölzgruppen, Sitzplätze oder Teiche schmiegen, um dann locker in angrenzende Rasenflächen auszuschwingen. Sogar kleinere Gärten lassen sich sehr gut durch Beete in unterschiedliche Gartenräume teilen. Sie wirken dadurch spannungsvoller, interessanter und viel größer, als sie tatsächlich sind. Inselbeete mit geometrischen oder organischen Grundformen liegen frei in einer Fläche, sei es nun Rasen, Kies oder Natursteinpflaster. Einzeln setzen sie einen markanten Blickpunkt, in Gruppen angeordnet können Inselbeete eine Fläche räumlich spannungsvoll strukturieren.

Die Raumwirkung eines Beets wird durch die Höhe und Dichte der gewählten Bepflanzung bestimmt, auch im Hinblick auf den Jahreslauf. Bedenken Sie, wie schön es ist, das Beet auch aus dem Haus heraus so oft wie möglich im Blick zu haben und den Wandel der Jahreszeiten bei jedem Wetter erleben zu können.

Pflegeaufwand und Kosten

Jedes Staudenbeet benötigt einen gewissen Zeitaufwand für die Pflege. Der höchste Pflegebedarf besteht im zeitigen Frühling, wenn das Beet für die beginnende Gartensaison hergerichtet und das abgestorbene Laub der Stauden abgeschnitten und vom Beet entfernt werden muss. Auch in den ersten ein bis zwei Jahren nach der Pflanzung ist der Pflegeaufwand etwas höher, denn viele Stauden müssen bei Trockenheit häufiger gewässert werden, weil ihr Wurzelsystem noch nicht optimal entwickelt ist. Auch Unkraut sollte möglichst bald entfernt werden, damit die Stauden sich ungestört entwickeln können.

Im »New German Style« angelegte Beet-Module sind aber allesamt recht pflegeleicht. Sind die Stauden nach ein bis zwei Jahren erst einmal gut

LINKS Die mit Rosen und Stauden farblich reduziert, aber doch üppig bepflanzte Doppelrabatte rahmt diesen Weg aus Holzdielen. Eine ungewöhnliche und sehr wirkungsvolle Gestaltung.

eingewachsen, kann man sie weitgehend sich selbst überlassen – abgesehen von gelegentlichem Unkrautjäten. Sie müssen auch nicht regelmäßig in einer Hitzeperiode wässern. Natürlich sieht jedes Staudenbeet besser aus, wenn die Pflanzen keinen Trockenheitsstress ertragen müssen, doch werden sie dadurch nicht absterben. Sie kommen im nächsten Jahr in neuer Frische wieder.
Je nachdem, wie ordnungsliebend Sie im Garten sind, variiert auch der Pflegeaufwand. Stauden, die ein zweites Mal im Jahr blühen, oder solche, die sich stark versamen, können – müssen aber nicht – möglichst bald nach der Blüte zurückgeschnitten werden. Lieben Sie es jedoch ordentlich und aufgeräumt im Beet, werden Sie verblühte Blütenstände und vertrocknete Blätter die ganze Vegetationsperiode über regelmäßig entfernen.
Anspruchsvolle Prachtstaudenbeete im »Mixed Border Style« haben dagegen den Anspruch, immer perfekt auszusehen, und erfordern mehr Pflege und Zeit. Prachtstauden müssen teilweise gestützt, gewässert, zurückgeschnitten und regelmäßig gedüngt werden, damit sie wirklich prächtig gedeihen.
Für Gartenanfänger ist es ratsam, die nötigen Arbeiten in einem Pflegekalender zusammenzustellen und sie regelmäßig durchzuführen.

Was kostet das Beet?

Für ein Beet, das eine geschlossene Vegetationsdecke bilden soll, rechnet man mit durchschnittlich sechs bis acht Stauden pro Quadratmeter. Bei einem Durchschnittspreis von 5 Euro pro Pflanze entstehen so Anschaffungskosten für die Pflanzen von bis zu 40 Euro pro Quadratmeter. Hinzu kommen eventuelle Kosten für die Bodenverbesserung und das Mulchmaterial. Die Einkaufslisten bei den Beet-Modulen sind eine gute Hilfe beim Pflanzenkauf. Mithilfe des Pflanzplans, den Sie bei der individuellen Anpassung der Module anfertigen, sind Sie dann selbst in der Lage, eine individuelle Einkaufsliste zu erstellen und die Anzahl der benötigten Pflanzen und die zu erwartenden Kosten genau zu ermitteln.

Planen mit Beet-Modulen

Die Beet-Module in diesem Buch sind fertige, professionell durchgeplante kleine Beeteinheiten, die sowohl einzeln als fertiges Beet oder individuell in Größe und Form angepasst verwendet werden können. Sie sind thematisch geordnet und auf einen bestimmten Standort bzw. Lebensbereich abgestimmt. Die unterschiedlichen Modul-Themen, wie Präriebeete, Schattenbeete oder Kiesbeete, geben bereits eine grobe Orientierung zur Standortwahl. Genaue Angaben zu den notwendigen Standortbedingungen, dem Lebensbereich sowie verschiedene Verwendungsmöglichkeiten finden Sie bei jedem Beet-Modul.

Egal, ob Gartenneuling, begeisterter Hobbygärtner oder erfahrener Staudenliebhaber – bei der Pflanzplanung mit den Beet-Modulen kann nichts schiefgehen, und für jeden Anspruch ist etwas Passendes dabei.

VORSICHTIGE GARTENANFÄNGER können die Beet-Module unverändert als Beet in den Garten integrieren und so erste Erfahrungen sammeln. Variationen sind auch später noch problemlos möglich. Mutige Anfänger sowie fortgeschrittene Hobbygärtner zaubern mit den Ergänzungspflanzen ganz neue Beetkreationen.

Die Modulbeschreibungen richtig lesen

Die Pflanzpläne der Beet-Module sind im Maßstab 1:20 dargestellt und zeigen die Verteilung der einzelnen Pflanzen auf der Beetfläche. Jeder Kreis stellt eine Pflanze in der endgültigen Ausdehnung nach ca. 2–3 Jahren dar. Die Kreisgrößen ergeben sich aus den empfohlenen Pflanzabständen:

- Die großen Kreise mit 50 cm Durchmesser stehen für Pflanzen, die einen Pflanzabstand von mindestens 50 cm benötigen. Das sind meist Gräser wie das Lampenputzergras *(Pennisetum)*, aber auch kleinere Gehölze wie Rosen.
- Die mittleren Kreise haben einen Durchmesser von 40 cm und stehen für Stauden und Gräser mit ca. 40 cm Pflanzabstand. Häufig sind das Begleitstauden wie die Schafgarbe *(Achillea)*.
- Die kleinen Kreise mit 35 cm Durchmesser stehen für Pflanzen, die weniger Platz im Beet und nur ca. 35 cm Pflanzabstand brauchen. Das können kleine Stauden sein, die flächig wachsen wie die Kissenaster *(Aster dumosus)*, aber auch hohe wie die Scheinsonnenhüte *(Echinacea)*.

Positionen für Zwiebelpflanzen, die im Herbst nach der Pflanzung zwischen die Stauden gesetzt werden, sind im Pflanzplan als farbige Punkte dargestellt. Die Legende zeigt, welche und wie viele Zwiebeln pro Punkt in Gruppen gesetzt werden. Jeder Pflanzplan ist mit einem quadratischen Raster (40 × 40 cm) hinterlegt. Es erleichtert die Übertragung des Plans auf das Beet im Garten.

Listen, Blühkalender und Porträts

Neben jedem Pflanzplan sind die jeweils verwendeten Pflanzen in einer Liste aufgeführt, die Sie als Einkaufsliste verwenden können, da hier die Anzahl der benötigten Exemplare genannt ist. Weil die Pflanzen von den Gärtnereien meist mit botanischen Namen (▶ Seite 11) etikettiert werden,

sind diese Namen aufgeführt. Auf der Seite gegenüber sind die Modulpflanzen porträtiert, samt Foto und Infos zu Aussehen und Pflege. Die Zwiebelblumen und Sommerblumen finden Sie bei den Porträts der Ergänzungspflanzen ab Seite 164.
Zu jedem Modul gibt es einen Blühkalender, in dem außer den Modul- auch die Ergänzungspflanzen aufgelistet sind, mit denen Sie das Modul variieren können. Im Blühkalender sind Blütenfarbe und Blütezeit farblich markiert sowie Wuchshöhen, Pflanzabstände und die Anzahl der Pflanzen pro Quadratmeter angegeben. Die Nummern vor den botanischen Namen tauchen in den Kreisen in den Pflanzplänen und in den Einkaufslisten wieder auf und verweisen auf die verwendete Pflanze.

Beetform und -größe festlegen

Um das Planen mit Beet-Modulen möglichst anschaulich zu machen, finden Sie auf Seite 32—33 eine Anleitung mit Fotos.
Legen Sie als Erstes die gewünschte Form, die Größe sowie die Position des Beets im Garten fest. Um bereits im Vorfeld eine konkretere Vorstellung von der Größe und Wirkung des Beets zu erhalten, ist es hilfreich, die Umrisse 1:1 vor Ort zu markieren. Dies kann durch Zollstöcke, ein Maßband oder Holzlatten geschehen, die man auf der Fläche entsprechend auslegt. Geschwungene Beetformen lassen sich gut mit einem Gartenschlauch oder einem Seil darstellen (▶ Seite 32, Schritt 1). Organisch geschwungene, große Beete sind aufwendiger in der Planung als kleine, rechteckige Beete. Gartenanfänger sollten daher zunächst einfach und klein beginnen.

Beetform und -größe festlegen

Das brauchen Sie:
- Zollstock und Maßband
- Holzlatten, Gartenschlauch, langes Seil
- Papier (A4 oder A3)
- Transparentpapier (A4-Bögen oder Rolle) oder eine Rolle Butterbrotpapier
- Bleistift, Buntstifte
- Lineal, Geodreieck

OBEN Eine sorgfältige Planung und Vorbereitung sichert bei der Anlage eines Beets schöne und zufriedenstellende Ergebnisse – egal, wie klein die Fläche ist.

UNTEN Aus klein wird groß: Alle Beet-Module lassen sich zu individuellen Beeten jeder Größe erweitern und ergänzen, wie dieses große, organisch geschwungene Inselbeet für Schattenstauden.

Den Pflanzplan aufs Papier zeichnen

Sind die Konturen des Beets im Garten festgelegt, wird es maßstäblich auf Papier gezeichnet. Die Pflanzpläne zu den Beet-Modulen in diesem Buch sind im Maßstab 1:20 angelegt. Das bedeutet, dass 1 cm auf dem Papier 20 cm in der Realität entspricht. Da die Module später in Ihren Pflanzplan übertragen werden, ist es ratsam, Ihr Beet ebenfalls im Maßstab 1:20 zu zeichnen.

Rechtwinklige oder kreisförmige Beetformen lassen sich leicht übertragen. Sie müssen nur die Längen bzw. den Kreisradius messen und in den Maßstab 1: 20 umrechnen, indem Sie die Maße durch 20 teilen. Ein quadratisches Beet mit einer Kantenlänge von 160 cm hat auf dem Papier im Maßstab 1:20 folglich eine Kantenlänge von 8 cm.

Organisch geschwungene Beetformen benötigen eine Hilfslinie. Von ihr aus werden im rechten Winkel und in regelmäßigen Abständen die Abstände zu verschiedenen Punkten auf den Beetkonturen gemessen. Das kann eine möglichst nah angrenzende Mauer, eine Hecke oder ein Weg sein. Dabei ist es hilfreich, alle gemessenen Strecken zunächst in eine grobe Skizze des Beets einzutragen. Erst später rechnet man die realen Maße um und zeichnet sie maßstäblich auf ein neues Blatt. Ist keine Hilfslinie in der Nähe, müssen Sie selbst eine festlegen. Sie sollte sich über zwei feststehende Punkte im Garten definieren, z. B. eine Hausecke und einen Baum (▶ Seite 32, Schritt 2).

Module individuell anpassen

Für die Beet-Module gibt es verschiedene Möglichkeiten, sie individuell anzupassen, und zwar mit unterschiedlichem Schwierigkeitsgrad.

1 Für Anfänger

Das ausgewählte Beet-Modul wird nur einmal in seiner ursprünglichen Größe verwendet. Eine Verkleinerung ist bei einigen Beet-Modulen möglich, indem man bestimmte Beetabschnitte entsprechend des 40-cm-Rasters weglässt. Hinweise dazu finden Sie in den Begleittexten. Sie müssen dann nicht selbst einen Pflanzplan anfertigen, sondern nur die Einkaufsliste entsprechend anpassen.

2 Für Anfänger und Fortgeschrittene

Die quadratischen oder rechteckigen Beet-Module lassen sich – zweifach oder mehrfach verwendet – zu einem größeren Beet zusammenfügen. Das kann durch Aneinandersetzen, aber auch durch Spiegeln an der Längs- oder Breitseite des Moduls geschehen. Beetform und -größe orientieren sich in diesem Fall an den Maßen des jeweiligen Moduls. Durch das Aneinandersetzen wiederholen sich die Pflanzen in einem bestimmten Rhythmus. Möchten Sie diesen durchbrechen, ersetzen Sie einzelne Arten durch Ergänzungspflanzen aus dem Blühkalender. Dabei ist generell wichtig, dass Sie Pflanzen mit ähnlicher Wuchshöhe und -form und einem vergleichbaren Pflanzabstand wählen wie die Modulpflanze, die Sie ersetzen möchten. Sie können ein Beet-Modul auch mit größeren Abständen mehrfach nebeneinandersetzen. Auf den dadurch entstehenden freien Beetflächen dazwischen wirken formal geschnittene Gehölze wie Quader oder Halbkugeln aus Eibe *(Taxus)*, aber auch kleine Blütengehölze sehr attraktiv.

3 Für Fortgeschrittene

In diesem Fall wird ein Modul – einmal oder mehrmals verwendet – in der Größe und/oder Form individuell angepasst. Dabei werden auch Ergänzungspflanzen integriert. Im Anschluss an einige Module finden Sie Vorschläge für solche Varianten samt Pflanzplan und Einkaufsliste. Die Porträts der dort verwendeten Ergänzungspflanzen finden Sie ab Seite 164. Sie können diese Varianten übernehmen oder ganz nach Ihren eigenen Vorstellungen planen.

Dazu zeichnen Sie die Konturen des neuen Beets maßstäblich auf Papier (▶ Seite 32, Schritt 2), legen Transparentpapier darüber und pausen sie mit Bleistift durch. Dann legen Sie das Transparentpapier auf das ausgewählte Beet-Modul. Um bequemer arbeiten zu können, kopieren Sie die entsprechende Buchseite und fixieren sie mit Klebestreifen auf einer Tischplatte. Durch Verschieben des Transparentpapiers über dem Modul können Sie die optimale Position für das Modul in Ihrem Beet finden. Sie sehen auch, ob das Modul mehrfach in Ihr Beet passt. Übertragen Sie nun den Pflanzplan des Moduls aus dem Buch auf Ihr gezeichnetes Beet. Auch das 40-cm-Raster sollte über die gesamte Beetfläche erweitert werden (▶ Seite 33, Schritt 3).

Nun können Sie den Pflanzplan variieren. Im Blühkalender jedes Beet-Moduls finden Sie neben den Modul-Pflanzen genau auf das Gestaltungs- und Farbthema abgestimmte Pflanzen, die Sie zum Ergänzen und Variieren verwenden können.

- Sie können Ihre Lieblingspflanzen zum Beispiel als Gruppen von 2–3 Pflanzen einmal oder mehrfach auf noch freien Beetflächen verteilen.
- Bestimmte Pflanzenkombinationen aus dem Modul können an anderer Stelle wiederholt werden. Verschieben Sie das Transparentpapier einfach so, dass die ausgewählte Gruppe an der gewünschten Stelle liegt, und zeichnen Sie die Gruppe nach. Die Kreise dürfen sich teilweise leicht überschneiden (▶ Seite 33, Schritt 4).
- Um eine bessere Vorstellung von den Höhenstufungen im Beet zu bekommen, kann man einen Höhenplan anfertigen. Schraffieren Sie die Kreise auf einem neuen Transparentpapier entsprechend der Wuchshöhe in unterschiedlichen Graustufen. Sehr hohe Stauden schraffiert man schwarz, Stauden mittlerer Höhe grau, niedrige Stauden hellgrau (▶ Schritt 5).
- Um einen Überblick über die Farbwirkung zu bekommen, kolorieren Sie die Kreise der Stauden mit Buntstiften in der Blütenfarbe (▶ Schritt 6).

Bleiben größere Flächen zwischen den Kreisen frei, entsteht später im Beet eine Lücke. Dies kann durchaus gewollt sein, wenn z. B. eine Skulptur im Beet platziert werden soll oder Trittsteine eingeplant werden, um die Pflege zu erleichtern.

Pflanzenbestelllisten anpassen

Wird ein Beet-Modul mehrmals verwendet, müssen Sie die in der Einkaufsliste stehenden Pflanzenmengen entsprechend vervielfachen. Bei umfangreichen Anpassungen ist es ratsam, eine neue Einkaufsliste anzufertigen. Als Grundlage verwenden Sie den angepassten Pflanzplan und die Einkaufsliste des entsprechenden Moduls.

UNTEN Dieses kleine Schattenbeet unter einem Silbereschen-Ahorn 'Variegatum' überzeugt durch eine sorgfältig ausgewählte Kombination unterschiedlicher Funkien-Sorten und rotlaubigen Purpurglöckchen.

Schritt für Schritt: Beet-Module individuell anpassen

In dieser Schritt für Schritt Anleitung am Beispiel des Präriebeet-Moduls 1: Magenta Ton in Ton sehen Sie, wie in sechs Schritten aus einem quadratischen Beet-Modul ein großes, geschwungenes Inselbeet entstehen kann. Natürlich ist auch jede andere Beetform und -größe denkbar. Bevor Sie beginnen, legen Sie fest, wie Ihr zukünftiges Beet aussehen soll.

SCHRITT 1 Legen Sie Form und Größe des Beets fest. Mit einem Gartenschlauch lassen sich die Umrisse unregelmäßig geformter Inselbeete gut markieren. Beachten Sie dabei, dass das gewünschte Modul ein- oder mehrfach in die Fläche hineinpassen sollte. In diesem Beispiel hat das Beet eine organisch geschwungene Form. Es ist 5,8 m lang und an der breitesten Stelle 2,7 m breit.

SCHRITT 2 Nachdem Sie das neue Beet im Maßstab 1:20 auf ein Blatt Papier gezeichnet haben (▶ Seite 30), pausen Sie zunächst die Konturen auf Transparentpapier durch. Dann machen Sie sich eine Kopie von der entsprechenden Buchseite, auf der das ausgewählte Modul mit Pflanzplan dargestellt ist, und fixieren die Kopie mit Klebeband auf einer Tischplatte.

SCHRITT 3 Legen Sie das Transparentpapier mit den Konturen des neuen Beets so auf die Buchseite, dass der Modul-Pflanzplan an der gewünschten Stelle im Beet liegt. Zeichnen Sie die Kreise nach und tragen Sie auch das 40-cm-Raster vom Modul-Pflanzplan mithilfe des Geodreiecks auf Ihrer ganzen Beetfläche ein. Soll das Modul mehrfach verwendet werden, schieben Sie das Transparentpapier anschließend an die gewünschte Stelle und tragen wieder die Kreise ein.

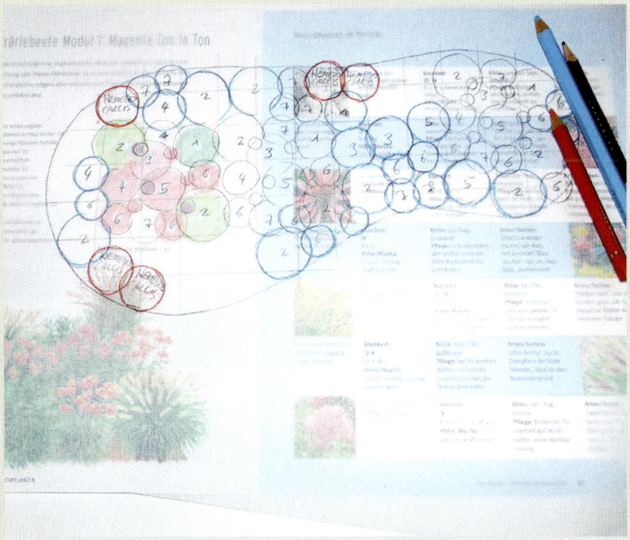

SCHRITT 4 Modulpflanzen, die an anderer Stelle wiederholt werden, erhalten eine eigene Kreisfarbe, hier Türkis. Auch die Kreise für Ergänzungspflanzen werden in einer eigenen Farbe eingezeichnet, hier Rot. Auf diese Weise behalten Sie den Überblick. Wichtig ist, dass Sie die entsprechenden Nummern der Modul-Pflanzen sofort in die Kreise eintragen. Die Kreise der Ergänzungspflanzen können Sie mit fortlaufenden Nummern oder dem Pflanzennamen kennzeichnen.

SCHRITT 5 Bevor Sie den Pflanzplan endgültig fertigstellen, können Sie bei Bedarf einen Höhenplan als Planungshilfe anfertigen. Dazu legen Sie ein weiteres Stück Transparentpapier über Ihren Beetplan. Schraffieren Sie dann die einzelnen Kreise der Pflanzen entsprechend der angegebenen Höhen im Blühkalender in unterschiedlichen Grautönen, je höher, desto dunkler.

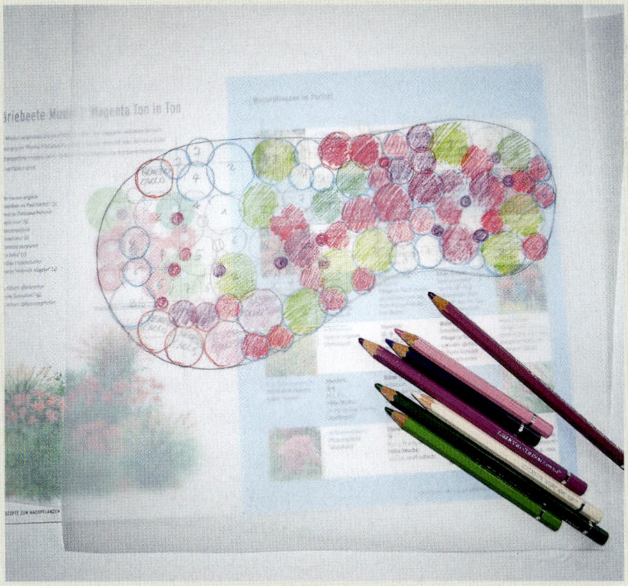

SCHRITT 6 Um eine Vorstellung von der Farbwirkung zu erhalten, kolorieren Sie im letzten Schritt mit Buntstiften die Kreise entsprechend der Blütenfarbe der jeweiligen Pflanze. Dies können Sie natürlich auch immer zwischendurch machen, indem Sie wie beim Höhenplan eine weitere Schicht Transparentpapier über das Beet legen und die Kreise farbig schraffieren.

Die Pflanzung

Eine sorgfältige Vorbereitung der Pflanzung ist der Schlüssel für prächtig blühende Staudenbeete. Denn die schönste und mit aller Sorgfalt zusammengestellte Pflanzenkombination kommt nicht optimal zur Wirkung, wenn der Boden nicht den Wünschen der Pflanzen entspricht, die Pflanzung nicht richtig durchgeführt wurde oder die Pflanzen nach der Pflanzung vernachlässigt wurden. Es lohnt sich deshalb in jedem Fall, bei der Planung und der Pflege möglichst sorgfältig vorzugehen. Sie werden sich dann jedes Jahr aufs Neue an üppigen Blütenbildern in Ihrem Garten erfreuen.

Pflanzen sind individuelle Lebewesen, die gut versorgt werden wollen, damit sie optimal gedeihen. Der Schlüssel zum Erfolg ist das richtigen Know-how zu Bodenvorbereitung, Pflanzenkauf, Pflanzzeit, Pflanzung und Pflege.

BEVOR SIE MIT DEM PFLANZEN ANFANGEN, sollten Sie den Boden sorgfältig vorbereiten. Das beginnt mit dem Entfernen aller Unkräuter samt Wurzeln. Besonderes Augenmerk gilt dabei den Dauerunkräutern wie Giersch, Ackerwinde oder Quecke. Werden nicht alle Wurzelreste aus dem Boden entfernt, tauchen sie immer wieder im Beet auf und wachsen schnell in die frisch gepflanzten Stauden ein. Es ist ein hoffnungsloses Unterfangen, sie nach der Pflanzung zu entfernen. Ist die Fläche stark mit diesen Dauerunkräutern belastet, sollten Sie vor der weiteren Bearbeitung in Erwägung ziehen, den Boden komplett auszutauschen.
Ist alles Unkraut entfernt, wird der Boden mit dem Spaten mindestens 40 cm tief umgegraben und sorgfältig gelockert. Dann wird etwas Kompost sowie organischer Langzeitdünger eingearbeitet.
Soll das Beet in eine vorhandene Rasenfläche platziert werden, müssen Sie vor dem Umgraben die Grasnarbe in Form des geplanten Beets mit dem Spaten abheben und vom Beet entfernen.
Ist der Boden am gewünschten Standort gänzlich ungeeignet, also zum Beispiel lehmig-schwer und undurchlässig oder sehr sandig, hilft als letzte Maßnahme ebenfalls nur ein Bodenaustausch. Hierfür muss der vorhandene Boden mindestens 40 cm tief ausgehoben und die Sohle aufgelockert werden, bevor Sie guten neuen Mutterboden einbringen können. Lassen Sie der Beetfläche anschließend bitte etwas Zeit bis zur Pflanzung, damit sich der neue Boden setzen kann.
Wichtig: Bodenarbeiten dürfen nur bei trockener Witterung durchgeführt werden, wenn der Boden nicht zu feucht ist.
Spezielle, auf die unterschiedlichen Lebensbereiche abgestimmte Angaben zur Verbesserung des Bodens finden Sie jeweils bei den verschiedenen Beet-Modulen.

Der richtige Zeitpunkt

Stauden und Gehölze sollte man vorzugsweise im Frühling ab Anfang April bis Ende Mai pflanzen, dann haben auch die empfindlichen Gräser, Farne und Herbstblüher wie Astern oder Herbstanemonen ausreichend Zeit einzuwachsen, um den kommenden Winter gut zu überstehen. Allerdings sollte sichergestellt sein, dass bei plötzlich einset-

zenden Wärmeperioden ausreichend gewässert werden kann. Bedenken Sie dies also bei Ihrer Urlaubsplanung.
Möchten Sie dennoch im Herbst pflanzen, ist der September der beste Monat. In heißen Hochsommerphasen sollte möglichst nicht gepflanzt werden. Vorgezogene Sommerblumen und frostempfindliche Knollenpflanzen wie Dahlien oder Gladiolen werden erst ins Beet gesetzt, wenn kein Frost mehr zu erwarten ist, also ab Mitte Mai. Nach starkem oder länger andauerndem Regen sollte man nicht pflanzen, da der nasse Boden beim Betreten sehr schnell verdichtet. Dies sollten Sie unbedingt vermeiden.

Pflanzenbestellung

Achten Sie bitte darauf, dass Sie genau die Arten und Sorten kaufen, die in der Einkaufsliste aufgeführt sind. Überprüfen Sie dies auch, wenn Sie die Pflanzen bestellen und liefern lassen. Ersatzlieferungen, also z. B. andere Sorten bestimmter Pflanzenarten, sollten nach Möglichkeit vermieden werden, da sonst das Bepflanzungskonzept nicht mehr stimmig ist. Es ist ratsam, die Einkaufsliste bei einer oder mehreren Staudengärtnereien in Ihrer Nähe abzugeben, um ein Angebot einzuholen. Dort wird man sich auch bemühen, genau die Pflanzen zu beschaffen, die gewünscht sind.
Viele Staudengärtnereien verfügen bereits über einen Online-Shop, in dem Sie die Stauden direkt bestellen können. Adressen von größeren Staudengärtnereien mit Versandhandel finden Sie auf Seite 179.

Pflanzen auslegen und einpflanzen

Übertragen Sie zunächst das quadratische 40-cm-Raster des Pflanzplans auf das vorbereitete Beet. Dies geschieht am besten durch straff gespannte Schnüre, die entsprechend den Rastermaßen an fest in den Boden geschlagenen Holzstäben fixiert werden. Wer will, kann die Rillen mit Sand nachzeichnen, dann sind sie besser sichtbar.
Alle Stauden und die Gehölze werden zunächst im Container nach den Vorgaben des Pflanzplans auf dem Beet ausgelegt. Eventuell im Plan vorgesehene Gehölze werden zuerst gepflanzt.

OBEN Frühlingsstimmung in Violett: Nachtviole und Tulpen blühen über dem grünen Blätterteppich der frisch austreibenden Stauden. Damit es so perfekt aussieht, erwarten die Stauden neben etwas Pflege einen optimalen Standort und gut vorbereiteten Boden.

OBEN LINKS Das in den Pflanzplänen der Beet-Module eingezeichnete 40-cm-Raster wird mithilfe gespannter Schnüre auf das vorbereitete Beet übertragen.

OBEN RECHTS Bevor Sie mit dem Pflanzen beginnen, überprüfen Sie noch einmal anhand des Pflanzplans, ob alle Stauden am richtigen Platz sind. Dann können die Schnüre entfernt werden.

Die Pflanzung der Stauden erfolgt nach und nach. Dabei sollten Sie so vorgehen, dass Bereiche, die bereits fertig bepflanzt sind, nicht mehr betreten werden müssen.

- Heben Sie zunächst mit einer Handschaufel das Pflanzloch aus. Es sollte etwa ein Drittel breiter und tiefer als der Pflanztopf sein.
- Lösen Sie die Staude durch leichten Druck auf Boden und Seiten aus dem Topf, ohne zu stark an der Pflanze selbst zu ziehen. Dann entfernen Sie vorsichtig die oberste Erdschicht des Wurzelballens – höchstens einen Zentimeter –, da sich hier oft Unkräuter bzw. Unkrautsamen befinden. Wurzeln, die aus den Löchern des Topfbodens wachsen, entfernen Sie vorher. Anschließend lockern Sie dichten Wurzelfilz mit der Hand vorsichtig auf.
- Der Wurzelballen darf nicht zu tief in die Erde gesetzt werden, sollte aber auch nicht über dem Beetniveau liegen. Am besten setzen Sie die Staude ungefähr auf gleicher Höhe in die Erde, in der sie ursprünglich auch im Topf stand.
- Nach der Pflanzung schieben Sie mit der Schaufel oder mit den Händen vorsichtig Erde an die Staude und drücken sie leicht an.
- Gießen Sie nach dem Pflanzen jede einzelne Pflanze durchdringend an, auch wenn es regnet! So wird der Boden dicht an die Wurzeln herangespült und die Pflanzen können besser anwachsen.

Zwiebeln und Knollen pflanzen

Im Pflanzplan vorgesehene Zwiebelpflanzen wie Tulpen, Osterglocken oder Zierlauch werden von August bis September, spätestens jedoch im Oktober zwischen die Stauden gesetzt.
Als grobes Maß für die Pflanztiefe legt man den zwei- bis dreifachen Durchmesser der Zwiebel zugrunde. Kleine Blumenzwiebeln und Knollen von Schneeglöckchen oder Winterling *(Galanthus)* werden ca. 5 cm unter die Oberfläche gesetzt. Gartentulpen *(Tulipa)* und Zierlauch *(Allium)* benötigen eine Pflanztiefe von ca. 15 cm, Narzissen sollten noch etwas tiefer gepflanzt werden.

Mulchen

Das Abdecken (Mulchen) des freien Bodens zwischen den neu gepflanzten Stauden ist ein willkommener Verdunstungsschutz. Außerdem kann so aufkeimendes Unkraut leichter entfernt werden. Wichtig ist die richtige Wahl des Mulchmaterials. Decken Sie eine Staudenpflanzung niemals mit grobem Rindenmulch ab. Beim Zersetzen wird dem Boden Stickstoff entzogen, dies kann zu einem unbefriedigenden Wuchs oder völligem Ausfall führen.

Empfehlenswert als Mulchmaterial sind Kiefernrindenprodukte in feiner Körnung (8–20 mm), sogenanntes Rindenkorn, oder bereits kompostierter, feinkörniger Rindenhumus (0–15 mm).

Die Dicke der Mulchschicht sollte 3–5 cm betragen. Das Mulchmaterial wird in kleinen Mengen zwischen den Pflanzen aufgebracht und vorsichtig verteilt. Achten Sie dabei darauf, die Triebe der jungen Stauden nicht zu stark zu überdecken.

Staudenpflanzungen der trockenen, mageren Freifläche und Kiesbeete sollten nicht mit Rindenprodukten, sondern mit feinem Splitt oder Kies bedeckt werden. Das Material kann auch bereits vor der Pflanzung ausgebracht werden.

Pflege nach der Pflanzung

Damit sich die jungen Stauden optimal entwickeln, sollten Sie sich im Jahr nach der Pflanzung etwas mehr Zeit für die Pflege nehmen. Frisch gepflanzte Stauden bilden erst nach und nach ein ausreichend großes Wurzelsystem aus. Dann können sie Hitze und Trockenperioden besser überstehen. Verreisen Sie in dieser Zeit möglichst nicht länger, denn Neupflanzungen müssen bei Trockenheit regelmäßig und ausgiebig gewässert werden. Die Erde darf niemals ganz austrocknen. Gießen Sie bei großer Wärme möglichst nur in den Morgen- oder Abendstunden, und verwenden Sie eine Gießkanne oder den Schlauch mit nicht zu starkem Strahl. Keimendes Unkraut sollten Sie sofort entfernen, damit sich die jungen Pflanzen ungestört entwickeln können. Halten Sie zudem mit geeigneten Mitteln Schnecken in Zaum.

OBEN LINKS Nach und nach löst man die Stauden aus dem Container und pflanzt sie mit einer Handschaufel ein. Das Pflanzloch muss immer etwas größer als der Ballen sein.

OBEN RECHTS Nach der Pflanzung kann man vorsichtig eine Schicht feines Mulchmaterial (Rindenkorn) zwischen den Stauden verteilen. Bei Kies- oder Gräserbeeten auf trockenen Standorten kann das auch feiner Kies oder Splitt sein.

Beetrezepte zum Nachpflanzen

MALERISCHE GRÄSERBEETE als willkommener Sichtschutz, Kiesbeete mit Trockenkünstlern in blauen und violetten Blütenfarben, Beetideen für Puristen oder prächtige Präriebeete in warmen Gelb- und Orangetönen – mit den fertigen Beet-Modulen stehen Ihnen für jeden Standort und jede Gartensituation abwechslungsreiche, erprobte Beetrezepte zum Nachpflanzen und zum Variieren zur Auswahl. Sie entscheiden, ob Sie die Beet-Module unverändert übernehmen oder sie in Größe oder Farbgebung an Ihre persönlichen Vorstellungen anpassen.

Präriebeete – lebendig und pflegeleicht

Präriepflanzungen sind in den letzten Jahren nicht nur in privaten Gärten, sondern auch im öffentlichen Grün zum Modethema avanciert – und das völlig zu Recht. Im zwanglosen Zusammenspiel wogender Gräser und leuchtender Blütenstauden verzaubern sie uns mit dem natürlichen Charme nordamerikanischer Prärien und erfüllen geheime Sehnsüchte nach Weite, Ursprünglichkeit und Natürlichkeit auf eine ganz neue Art. Als naturnahe, standortgerechte, langlebige und pflegeleichte Pflanzengemeinschaften sind Präriepflanzungen das Paradebeispiel für den »New German Style« in der Pflanzenverwendung.

Mit den verschiedenen Präriebeet-Modulen haben Sie die Möglichkeit, in die spannende Welt der Präriepflanzungen einzusteigen. Die Module bieten für sonnige, trockene oder auch feuchtere Standorte passende Beetrezepte mit unterschiedlichen Farbthemen.

PRÄRIEPFLANZUNGEN ähneln in ihrer Leichtigkeit und Lebendigkeit unseren naturnahen, heimischen Blumenwiesen, wobei vertikale Elemente stärker dominieren. Gleich einem wogenden Meer aus filigranen Texturen und strukturstarken Formen und Konturen überraschen Präriebeete immer wieder neu durch faszinierende Zwanglosigkeit. Mit einem variierenden Farbenspiel im Jahreslauf lassen sich mit Präriebeeten überaus stimmungsvolle und abwechslungsreiche Pflanzenbilder in unseren Gärten verwirklichen. Außerdem bietet eine solch artenreiche Pflanzengemeinschaft aus Blütenstauden und Gräsern für Insekten einen willkommenen Lebensraum, und wir erfreuen uns am Anblick von Schmetterling & Co. Zudem sind Präriebeete langlebig, robust und relativ pflegeleicht, da sie sich nach einer gewissen Zeit weitestgehend selbst regulieren.

Die Pflanzen – meist Stauden und Gräser – stammen aus den nordamerikanischen Prärien des mittleren Westens der USA. Viele Gattungen und Arten wie z. B. Aster *(Aster)*, Flammenblume *(Phlox)*, Scheinsonnenhut *(Echinacea)*, Indianernessel *(Monarda)*, Sonnenhut *(Rudbeckia)* oder Gräser wie die Rutenhirse *(Panicum virgatum)* sind uns schon lange als Beetstauden vertraut. Es sind teils sehr robuste Pflanzen mit ausgeprägtem, tief reichendem Wurzelsystem, die auch zeitweilige Hitze und Trockenperioden überstehen. Kennzeichnend für Präriebeete ist die späte Hauptblüte vom Hochsommer bis in den Spätsommer und Frühherbst hinein. Damit füllen sie eine Blütenlücke in unseren Gärten zwischen Frühsommer und Herbst. Doch auch schon bevor die ersten Blüten sich öffnen, bieten Präriebeete einen durchaus attraktiven Anblick, wenn sich der frische Laubaustrieb der Stauden und Gräser wie eine Decke in schimmernden Grünnuancen im Garten ausbreitet. Selbst im Winter sorgen sie mit ihrem abgestorbenen Pflanzengerüst für wildromantische Gartenbilder – besonders, wenn es mit Raureif filigran ummantelt ist.

Mit ausdrucksstarken Neuzüchtungen der ursprünglich nordamerikanischen Wildstauden und Gräser sowie mit Pflanzen aus anderen Herkunftsgebieten, die aber ähnliche Standortansprüche und einen ähnlichen Charakter haben, kann die Pflanzenpalette erheblich erweitert werden. Und

Zwiebelpflanzen wie Zierlauch *(Allium)*, Wildtulpen *(Tulipa)* und Krokusse *(Crocus)* ergänzen die Beete schon im Frühling mit wunderschönen Blühaspekten.
Bäume und Sträucher gehören dagegen nicht zum typischen Bild einer Prärielandschaft, denn regelmäßige Brände verhindern am Naturstandort ihr Aufwachsen. Dennoch darf man sich bei der Gestaltung eines Präriegartens in unseren heimischen Gärten durchaus die Freiheit nehmen, einzelne Gehölze aufzunehmen oder mit formalen Elementen wie Kugeln oder Hecken Strukturen oder einzelne Kontrapunkte zu setzen.

Integration in den Garten

Je großzügiger die Beetfläche, umso überzeugender und schöner wirken Präriepflanzungen. In kleinen Gärten kann man zugunsten einer Präriepflanzung auf einen Rasen komplett verzichten. Kies-, aber auch Rasenwege erschließen in diesem Fall die Fläche und ermöglichen es, auf Tuchfühlung mit den Pflanzen zu gehen. Doch auch auf schmaleren Beetstreifen, z. B. vor der Terrasse, oder auf Inselbeeten im Rasen können stimmungsvolle Prärieimpressionen entstehen.

Standortbedingungen

Wichtigste Voraussetzung ist ein freier, sonniger Standort und ein tiefgründiger, durchlässiger Boden. Entsprechend den unterschiedlichen Bedingungen am Naturstandort unterscheidet man zwischen Hochgraspräriepflanzen, die eher feuchtere, fruchtbare Böden bevorzugen, und den Pflanzen der Mischgras- und Kurzgrasprärien, die trockenere Standorte und magereren Boden wünschen. Präriebeete werden deshalb dem Lebensbereich trockene bis frische Freifläche (Fr 1–3) zugeordnet. Für beide Varianten gilt jedoch: Präriestauden vertragen Staunässe nicht, vor allem im Winter! Wenn wir bei uns von modernen Präriepflanzungen – dem europäischen Präriestil – sprechen, meinen wir meist die Pflanzen der blütenreichen, farbenfrohen Hochgrasprärie. Nach diesem Stil wurden die Präriebeet-Module 1 und 2 konzipiert. Modul 3 ist ein Beispiel für eine Präriebeetpflanzung, die auch trockene Standorte toleriert.

OBEN Das Federgras bildet im August mit seinen bereits etwas zerzausten, aber doch malerischen Grannen einen spannungsvollen Kontrast zu den leuchtenden Blüten des rosa Scheinsonnenhuts und zum gelben Sonnenhut.

RECHTS In dieser Prärielandschaft im Berggarten Hannover dominieren die warmen Gelbtöne der Prärie. Das Weiß der Scheinsonnenhüte und der Silberimmortellen verleiht ihr einen ganz besonderen Charme.

UNTEN Die Prachtscharte ist mit ihren violetten, walzenförmigen Blütenständen ein willkommener Blühpartner der Goldrute und des rosa Scheinsonnenhuts.

Gestaltung und Planung

Obwohl Natürlichkeit, Dynamik und Zufall eine Präriepflanzung prägen, sind bei der Planung und Anlage doch einige Regeln zu beachten, damit sie harmonisch wirkt und funktioniert. Die unterschiedlichen Pflanzenarten lassen sich bunt gemischt anordnen, aber auch in Gruppen oder lang gezogenen Bändern, sogenannten Drifts. Für diese benötigt man jedoch mehr Platz. Man kann bei der Planung ein Farbthema festlegen und z. B. nur warme Rot-, Orange- und Gelbtöne wählen oder eine bunt gemischte Palette zusammenstellen. Bei der Höhenstruktur im Beet sollte man variieren und die Pflanzen nach Höhen so gruppieren, dass ein natürliches Auf und Ab das Beet wie Wogen durchzieht. Die Zahl der Gräser und Stauden sollte in einem passenden Verhältnis stehen. In nordamerikanischen Prärien überwiegen Gräser bei Weitem. Präriepflanzungen für unsere Gärten sollten jedoch einen höheren Anteil an Blütenstauden aufweisen, da die Fläche meist begrenzt ist und sich der Anteil der Gräser und ihr Umfang im Lauf der Jahre noch vergrößert. Durchschnittlich reichen sieben bis acht Pflanzen pro Quadratmeter.

Bodenvorbereitung

Präriebeete mit Pflanzen der Hochgrasprärie benötigen einen durchlässigen, leicht kalkhaltigen und humosen, eher lehmigen Boden mit mittlerem Nährstoffgehalt, der frisch bis feucht, aber keinesfalls zu trocken sein sollte. Zu schwere, undurchlässige Lehmböden müssen aufgelockert werden, indem man vor der Pflanzung gewaschenen, groben Sand, Splitt oder Lavagrus einarbeitet. Sandige Böden werden mit Betonit bzw. Gesteinsmehl nach Anweisung des Herstellers und etwas Kompost verbessert.

Pflanzung

Gepflanzt wird möglichst im Frühling von Anfang April bis Ende Mai. Nach der Pflanzung kann man eine ca. 5–8 cm dicke Schicht mineralisches Mulchmaterial wie Lava, Splitt oder Kies mit der Körnung 8–11 oder 8–16 mm – alternativ auch groben Sand mit der Körnung 0–2 mm – aufbringen. So wird aufkommendes Unkraut in Schach gehalten, solange die Vegetationsdecke noch nicht geschlossen ist. Außerdem schützt die Mulchschicht vor Erosion und Austrocknung des Bodens. Achten Sie aber darauf, das Mulchmaterial nicht zu dicht an die Gräser zu bringen, da sie ausreichend Luft im Bereich der Wurzeln benötigen und sonst faulen. Man kann die Mulchschicht auch vor der Pflanzung ausbringen. Wichtig: Keinesfalls organisches Material wie Rindenmulch verwenden!

Pflege übers Jahr

In den ersten beiden Jahren nach der Anlage müssen Unkräuter regelmäßig und sehr sorgfältig gejätet werden. Doch auch später ist gelegentlich die lenkende Hand des Gärtners gefragt, um Sämlinge von Gräsern und Stauden zu entfernen bzw. zu dezimieren, damit das Gleichgewicht der Pflanzung erhalten bleibt.
Im zeitigen Frühjahr, also von Ende Februar bis März, schneidet man die Gräser und Stauden bis knapp über den Boden zurück und räumt das Schnittgut komplett vom Beet ab.
Pflanzen, die sich stark versamen, hält man in Schach, indem man die verblühten Blüten regelmäßig abschneidet.

RECHTS Die fedrigen Blüten der Indianernessel in zartem Lilarosa und die rosa Strahlenblüten des Scheinsonnenhuts gehen hier eine harmonische Verbindung mit dezentem Charme ein.

Präriebeete Modul 1: Magenta Ton in Ton

Dieses Modul zeigt eine ungewöhnliche, aber sehr elegante und dezente Farbstimmung zum Thema Präriebeete. Es ist eine Variation für alle, die keine Gelb- und Orangetöne mögen, aber dennoch dem Charme der Nordamerikanischen Prärie verfallen sind.

STANDORT:
frei, sonnig bis maximal halbschattig

BODEN:
durchlässig, lehmig-humos, nährstoffreich, frisch bis feucht, keine Staunässe im Winter

MASSE:
1,2 × 1,2 m

Einkaufsliste

① *Panicum virgatum* 'Shenandoah' (1)

② *Pennisetum alopecuroides* 'Hameln' (2)

③ *Aster novae-angliae* 'Andenken an Paul Gerber' (1)

④ *Monarda Fistulosa*-Hybride 'Purple Ann' (1)

⑤ *Phlox amplifolia* 'Minnehaha' (1)

⑥ *Echinacea purpurea* 'Pica Bella' (3)

⑦ *Achillea Filipendulina*-Hybride 'Heinrich Vogeler' (2)

Zwiebelpflanzen

● je 3 *Allium aflatunense* 'Purple Sensation' (9)

● je 3 *Allium sphaerocephalon* (12)

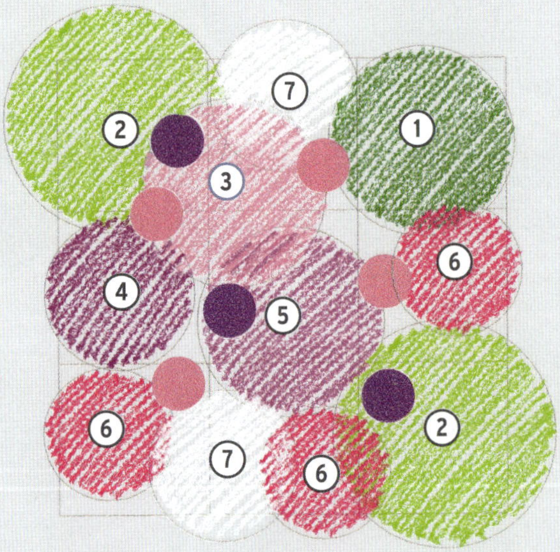

Pflanzplan im Maßstab 1:20

Modulpflanzen im Porträt

◄ **Schafgarbe**
Achillea Filipendulina-Hybride 'Heinrich Vogeler'

Standort:
☼
B 2, Fr 2, keine Staunässe
Höhe/Wuchs:
80 cm, horstiger Wuchs

Blüte: Juni–Juli, Sept., reinweiß
Pflege: Verblühtes abschneiden; Vorfrühling: Rückschnitt bis zum Boden

Arten/Sorten:
'Feuerland': 90 cm, feuerrot bis orange; 'Helios': 50 cm, gelb; 'Hannelore Pahl': 80 cm, hellapricot

► **Raublatt-Aster**
Aster novae-angliae 'Andenken an Paul Gerber'

Standort:
☼
B 2, Fr 2
Höhe/Wuchs:
120 cm, straff aufrecht

Blüte: Aug.–Okt., purpurrosa
Pflege: in Trockenperioden gießen, alle 4–5 Jahre aufnehmen und teilen

Arten/Sorten:
'Violetta': 130 cm, violett; 'Rosa Sieger': 140 cm, Sept.–Okt.; 'Purple Dome': 60 cm, Sept.–Nov., purpurviolett

◄ **Scheinsonnenhut**
Echinacea purpurea 'Pica Bella'

Standort:
☼
B 1–2, Fr 1–2,
Höhe/Wuchs:
60–70 cm, straff aufrecht, kompakt

Blüte: Juli–Sept., purpurrosa
Pflege: Rückschnitt nach der Blüte, mit Hornspänen düngen, keine Staunässe

Arten/Sorten:
'Milkshake': 90 cm, halbgefüllt, cremeweiß mit grünlicher Mitte; 'Harvest Moon': 80 cm, hellorange

► **Indianernessel**
Monarda Fistulosa-Hybride 'Purple Ann'

Standort:
☼
B 1–2
Höhe/Wuchs:
120 cm, horstig, straff aufrecht

Blüte: Juli–Aug., purpurrot
Pflege: in Trockenperioden gießen, nach der Blüte Rückschnitt bis zum Boden

Arten/Sorten:
'Elsie's Lavender': 130 cm, Juli–Aug., hell lavendel; 'Blaustrumpf': 100 cm, Aug.–Sept., dunkelviolett

◄ **Rutenhirse**
Panicum virgatum 'Shenandoah'

Standort:
☼
Fr 2, GR 2, B 2
Höhe/Wuchs:
100 cm, horstig filigran, leicht überhängend

Blüte: Juli–Okt., bräunlich
Pflege: in Trockenperioden gießen, im Frühjahr komplett zurückschneiden

Arten/Sorten:
'Heiliger Hain': 100 cm, bläulich grün, Juli–Sept., blaugrüne Blätter mit weinroten Spitzen

► **Lampenputzergras**
Pennisetum alopecuroides 'Hameln'

Standort:
☼
Fr 2, B 2
Höhe/Wuchs:
70 cm, horstig, buschig überhängend

Blüte: Aug.–Okt., gelbbraun
Pflege: bei Trockenheit gießen, im Frühjahr zurückschneiden, bei Blühfaulheit teilen

Arten/Sorten:
'Little Bunny': 25 cm, Zwergform der Sorte 'Hameln', ideal für den Beetvordergrund

◄ **Flammenblume**
Phlox amplifolia 'Minnehaha'

Standort:
☼ ◑
B 2–3, Fr 2–3, GR 2–3
Höhe/Wuchs:
100 cm, straff aufrecht

Blüte: Juni–Aug., lilarosa
Pflege: Boden bei Trockenheit gut feucht halten, sonst Mehltaubildung

Arten/Sorten:
'Great Smoky Mountains': 100 cm, Juli–Aug., blauviolett; 'Apanatschi': 100 cm, Juli–Aug., rosa, dunkles Auge

Blühkalender: Magenta Ton in Ton

Nr.	Botanischer Name	Deutscher Name	Höhe (cm)	I	II	III	IV	V	VI	VII	VIII	IX	X	XI	XII	Pflanzabstand (cm)	Pflanzen/qm
	Stauden																
⑦	*Achillea Filipendulina*-Hybride 'Heinrich Vogeler'	Schafgarbe	80													40	6
③	Aster *novae-angliae* 'Andenken an Paul Gerber'	Raublatt-Aster	120													50	4
⑫	Aster *pringlei* 'Pink Star'	Pringles Aster (▶ Seite 166)	120													90	1
⑩	*Echinacea*-Hybride 'Sunrise'	Scheinsonnenhut (▶ Seite 168)	80													35	8
⑥	*Echinacea purpurea* 'Pica Bella'	Scheinsonnenhut	60													35	8
⑪	*Hemerocallis*-Hybride 'Olive Bailey Langdon'	Taglilie (▶ Seite 169)	60													60	2
⑨	*Liatris spicata*	Prachtscharte (▶ Seite 170)	70													30	12
④	*Monarda Fistulosa*-Hybride 'Purple Ann'	Indianernessel	120													45	4
⑤	*Phlox amplifolia* 'Minnehaha'	Flammenblume	100													60	2
	Gräser																
⑧	*Panicum virgatum* 'Heavy Metal'	Rutenhirse (▶ Seite 171)	120													60	2
①	*Panicum virgatum* 'Shenandoah'	Rutenhirse	100													50	4
②	*Pennisetum alopecuroides* 'Hameln'	Lampenputzergras	70													60	2
	Gehölze																
⑬	*Calycanthus floridus*	Echter Gewürzstrauch (▶ Seite 167)	250														
	Zwiebelpflanzen																
	Allium aflatunense 'Purple Sensation'	Zierlauch (▶ Seite 164)	90													10	4
	Allium sphaerocephalon	Zierlauch (▶ Seite 165)	80													25	16
	Camassia leichtlinii ssp. *leichtlinii* 'Semiplena'	Gefüllte Prärielilie (▶ Seite 167)	70													30	11

Modulpflanzen   Ergänzungspflanzen

Präriebeete Modul 1

Magenta Ton in Ton

Magenta Ton in Ton – zugegeben, das ist eine ungewöhnliche und vielleicht auch etwas gewagte Farbstimmung zum Thema Präriebeete, aber dafür elegant und dezent. Zwei ausdrucksstarke Gräser mit unterschiedlichem Habitus, die filigran aufrecht wachsende Rutenhirse 'Shenandoah' (*Panicum virgatum*, Nr. 1) und das üppig überhängende Lampenputzergras 'Hameln' *(Pennisetum alopecuroides*, Nr. 2) bilden das malerische Grundgerüst der Pflanzung und verdecken dabei geschickt die von unten immer etwas verkahlenden Stängel der Raublattaster 'Andenken an Paul Gerber' (*Aster novae-angliae*, Nr. 3), die schon im August ihre leuchtenden magentafarbenen Strahlenblüten öffnet. Die Indianernessel 'Purple Ann' (*Monarda Fistulosa*-Hybride, Nr. 4) mit aromatischem Blattduft und die Flammenblume 'Minnehaha' (*Phlox amplifolia*, Nr. 5) mit zart duftenden, von kräftigem Magenta bis Hellrosa changierenden Blüten sind dankbare und ausdauernde Begleiter. Die klar konturierten Zungenblüten des Scheinsonnenhuts 'Pica Bella' (*Echinacea purpurea*, Nr. 6) tanzen um ihre braunrote Blütenkuppel und stehen in schönem Kontrast zu den Doldenblüten der benachbarten Schafgarbe 'Heinrich Vogeler' (*Achillea Filipendulina*-Hybride, Nr. 7), deren tausend kleine Einzelblüten in strahlendem Weiß erblühen. Von Mai bis Juli streichen die großen und kleinen kugelförmigen Blütenköpfe der beiden Zierlauch-Arten durchs Beet (*Allium aflatunense* 'Purple Sensation' und *Allium sphaerocephalon*) und setzen spannungsvolle Akzente.

Anpassen und variieren

Das Farbthema des Moduls kann natürlich ganz nach Ihrem persönlichen Farbempfinden individuell ergänzt oder abgewandelt werden, z. B. mit zartgelben Farbtupfern des Scheinsonnenhuts 'Sunrise' (*Echinacea*-Hybride). Oder Sie setzen mit den langen, walzenartigen Blütenständen der Prachtscharte *(Liatris spicata)* einen spannungsreichen violetten Kontrast. Möchten Sie dem Beet-Modul eine kühlere Note geben, können Sie die Rutenhirse 'Shenandoah' durch eine Sorte mit bläulich grünem Laub, z. B. 'Heavy Metal' ersetzen. Wenn Sie viel Platz haben, ist der nordamerikanische Echte Gewürzstrauch *(Calycanthus floridus)* eine attraktive Ergänzung. Eine flächige Unterpflanzung mit Zwiebelpflanzen wie der Prärielilie *(Camassia)* erfreut Sie im Frühling mit einem cremfarbenen Blütenteppich.

Natürlich wirkt jedes Modul am schönsten, wenn es in der vorgesehenen Größe gepflanzt wird. Steht Ihnen jedoch nur wenig Platz zur Verfügung, verkleinern Sie das Modul, indem Sie ganz einfach den rechten Rasterstreifen weglassen. Es ergibt sich dann ein 0,8 × 1,2 m großes Beet. Die Einkaufsliste muss entsprechend angepasst werden. Ein Beispiel für eine mögliche Vergrößerung des Beet-Moduls »Magenta Ton in Ton« zeigt die Beet-Variante auf den Seiten 50–51.

Lebensbereich:
frische Freifläche (Fr 2)

UNTEN Die Indianernessel im Beetvordergrund ist eine typische Staude der nordamerikanischen Hochgrasprärie. Es gibt sie inzwischen in vielen Sorten von strahlendem Weiß über Rot bis hin zu intensivem Blauviolett.

Beet-Variante mit Modul 1: Magenta Ton in Ton

Das Modul wird durch einzelne Pflanzen variiert und anschließend durch Aneinandersetzen an die gewünschte Beetgröße angepasst.

Dieses malerische Präriebeet ist aus dem Präriebeet-Modul 1: Magenta Ton in Ton durch Variation und Vergrößerung entstanden. Es bietet von Mai bis in den Oktober schöne Blühaspekte, der Blühschwerpunkt liegt jedoch wie bei allen Präriebeeten im Hoch- und Spätsommer von Anfang Juli bis Ende August. Dann verwöhnt Sie ein wahres Blütenmeer in brillanten Farbschattierungen, die von kräftigem Magenta über zartes Rosaviolett bis zu dunklem Weinrot reichen. Helles Gelb und Weiß setzen Akzente. Im Zusammenspiel mit den silbernen und goldgelben Blütenschleiern der Gräser ergibt sich ein stimmungsvolles Gesamtbild.

So geht man vor

Zunächst wurden einzelne Pflanzen des Präriebeet-Moduls 1 durch andere Sorten und Arten ausgetauscht: Die Rutenhirse 'Shenandoah' (*Panicum virgatum*, Nr. 1) wird durch 'Heavy Metal' (Nr. 8) – eine Sorte mit bläulich grünem Laub – ersetzt. Zwei Exemplare des Scheinsonnenhuts 'Pica Bella' (*Echinacea purpurea*, Nr. 8) werden gegen die gelb blühende Sorte 'Sunrise' (Nr. 10) und die Prachtscharte (*Liatris spicata*, Nr. 9) mit violetten, walzenförmigen Blütenständen ausgetauscht. Ein Exemplar des Lampenputzergrases 'Hameln' *(Pennisetum alopecuroides*, Nr. 2*)* macht Platz für die Pringles Aster 'Pink Star' (*Aster pringlei*, Nr. 12), die mit rosafarbenen Sternblüten im Herbst entzückt. Diese Beet-Variante aus dem Modul »Magenta Ton in Ton« wird anschließend zweifach verwendet und nebeneinander platziert. Zur Beetergänzung werden zwei Rasterstreifen als 0,8 × 1,2 m breiter Beetabschnitt angesetzt. Hier findet der Gewürzstrauch (*Calycanthus floridus*, Nr. 13) mit einer Unterpflanzung aus der purpurvioletten, großblütigen Taglilie 'Olive Bailey Langdon' (*Hemerocallis*-Hybride, Nr. 11) und Zwiebelpflanzen, nämlich der weiß blühenden Prärielilie *(Camassia)*, einen passenden Platz. Mit seinen braunroten Blüten, die Sie im Frühsommer in den Abendstunden mit würzigem Duft verwöhnen, stellt der Gewürzstrauch eine Rarität dar, die noch nicht häufig in Gärten anzutreffen ist. Auch sein Laub und die Rinde duften herrlich aromatisch.

Tipps und Tricks zur Pflege

Der Charme der Präriebeete liegt in ihrer Natürlichkeit. Daher ist es nicht unbedingt nötig, verblühte Blüten und Samenstände zurückzuschneiden. Wer jedoch möglichst lange neue Blüten und frisches Laub haben möchte, kann bei der Schafgarbe oder Indianernessel durch einen kräftigen Rückschnitt nach der ersten Blüte einen Neuaustrieb anregen. Die Flammenblume neigt, wenn sie zu trocken steht, zu Mehltau. Hier lohnt sich bei längerer Trockenheit regelmäßiges Gießen.

UNTEN Üppige Blütenpracht im Hochsommer: Die Prachtscharte, der gelb blühende Scheinsonnenhut 'Sunrise' und die purpurroten Blüten der Taglilie 'Olive Bailey Langdon' ergänzen dieses Präriebeet-Modul vortrefflich.

Beet-Variante mit Modul 1: Magenta Ton in Ton

Einkaufsliste
Modulpflanzen

(2) *Pennisetum alopecuroides* 'Hameln' (2)
(3) *Aster novae-angliae* 'Andenken an Paul Gerber' (2)
(4) *Monarda Fistulosa*-Hybride 'Purple Ann' (2)
(5) *Phlox amplifolia* 'Minnehaha' (2)
(6) *Echinacea purpurea* 'Pica Bella' (2)
(7) *Achillea Filipendulina*-Hybride 'Heinrich Vogeler' (4)

je 3 *Allium sphaerocephalon* (24)
je 3 *Allium aflatunense* 'Purple Sensation' (18)

Ergänzungspflanzen

(8) *Panicum virgatum* 'Heavy Metal' (2)
(9) *Liatris spicata* (2)
(10) *Echinacea*-Hybride 'Sunrise' (2)
(11) *Hemerocallis*-Hybride 'Olive Bailey Langdon' (2)
(12) *Aster pringlei* 'Pink Star' (2)
(13) *Calycanthus floridus* (1)

je 3 *Camassia leichtlinii* ssp. *leichtlinii* 'Semiplena' (18)

Präriebeete Modul 2: Warme Töne bunt gemischt

In diesem Präriebeet-Modul kommen die typischen warmen Farben der Prärie in vielfältigen Nuancen wunderbar zur Wirkung. Malerische Präriegräser umspielen die bezaubernden, ausdrucksstarken Blütenköpfchen der Sonnenstauden in Rubinrot oder Goldgelb. Ein stimmungsvoller Präriebeet-Klassiker!

STANDORT:
frei, sonnig bis maximal halbschattig

BODEN:
locker, durchlässig, lehmig-humos, nährstoffreich, feucht, keinesfalls zu trocken, keine Staunässe im Winter

MASSE:
1,2 × 1,2 m

Einkaufsliste

1. *Andropogon* 'Präriesommer' (1)
2. *Calamagrostis brachytricha* (1)
3. *Phlox paniculata* 'Red Riding Hood' (2)
4. *Verbena bonariensis* (2)
5. *Rudbeckia fulgida* var. *sullivantii* 'Goldsturm' (2)
6. *Helenium*-Hybride 'Rubinzwerg' (1)
7. *Hemerocallis*-Hybride 'Pfennigparade' (1)
8. *Monarda didyma* 'Squaw' (1)

Pflanzplan im Maßstab 1:20

Modulpflanzen im Porträt

◀ **Bartgras**
Andropogon gerardii 'Präriesommer'

Standort: ☼ Fr 1–2
Höhe/Wuchs: 120 cm; horstig, straff aufrecht

Blüte: Aug.–Sept., silbrig-braun
Pflege: nicht zu nährstoffreicher Boden, sonst kippen die Halme

Arten/Sorten: *Andropogon scoparius* 'Cairo', Prärie-Bartgras: 90 cm, Aug.–Sept., bräunlich, standfest

▶ **Diamantgras**
Calamagrostis brachytricha

Standort: ☼ ◐ B 2, Fr 2, GR 2
Höhe/Wuchs: 120 cm; horstig, aufrecht, überhängende Blätter

Blüte: Sept.–Nov., silbrig-rosa
Pflege: Rückschnitt bis zum Boden im zeitigen Frühjahr vor dem Neuaustrieb

Arten/Sorten: *Calamagrostis emodensis*, Himalaya-Reitgras: 90 cm, Juli–Aug., silbrigrosa, Blütenrispen überhängend

◀ **Kleine Sonnenbraut**
Helenium-Hybride 'Rubinzwerg'

Standort: ☼ B 2, Fr 2
Höhe/Wuchs: 80 cm; aufrecht, kompakt

Blüte: Juli–Sept.; bräunlich rubinrot
Pflege: nach der Blüte kompletter Rückschnitt, alle 4–5 Jahre teilen

Arten/Sorten: 'Double Trouble': 80 cm, halb gefüllte gelbe Blüten; 'Luc': 120 cm, Juni–Sept., rotorange bis gelb

▶ **Taglilie**
Hemerocallis-Hybride 'Pfennigparade'

Standort: ☼ B 2, Fr 2, GR 2
Höhe/Wuchs: 100 cm, horstig, überhängend

Blüte: Juni–Juli, ziegelrot, orangegelbe Mitte
Pflege: düngen, abgeblühte Stiele entfernen, im Herbst ganz zurückschneiden

Arten/Sorten: 'Augustfreude': 140 cm, Juli–Aug., hellgelb; 'Little Joy': Miniatur, 80 cm, Juli–Aug., blutrot

◀ **Goldmelisse/ Indianernessel**
Monarda didyma 'Squaw'

Standort: ☼ B 2
Höhe/Wuchs: 120 cm, aufrecht

Blüte: Juni–Aug., scharlachrot
Pflege: in Trockenperioden gießen, nach Blüte Rückschnitt

Arten/Sorten: *Monarda Fistulosa*-Hybride 'Schneewolke', Indianernessel: 90 cm, Juli–Aug., weiß

▶ **Flammenblume**
Phlox paniculata 'Red Riding Hood'

Standort: ☼ ◐ B 2–3, Fr 2–3, GR 2–3
Höhe/Wuchs: 60 cm, straff aufrecht

Blüte: Juli–Sept., kirschrot
Pflege: Boden gut feucht halten, verblühte Rispen abschneiden

Arten/Sorten: 'Furioso': 120 cm, Juli–Aug., dunkelviolett mit Rot; 'Orange': 80 cm, Aug.–Sept., orangerot

◀ **Sonnenhut**
Rudbeckia fulgida var. *sullivantii* 'Goldsturm'

Standort: ☼ B 2–3, Fr 2–3, GR 2–3
Höhe/Wuchs: 80 cm, straff aufrecht

Blüte: Aug.–Okt., goldgelb mit schwarzer Mitte
Pflege: in Trockenperioden gießen, Verblühtes abschneiden, düngen

Arten/Sorten: 'Little Goldstar': 50 cm, goldgelb, schwarze Mitte; *R. maxima*: 160 cm, Aug.–Sept., gelb

▶ **Patagonisches Eisenkraut**
Verbena bonariensis

Standort: ☼ Fr 1
Höhe/Wuchs: 120 cm, Blüten auf hohen blattlosen Stielen

Blüte: Juli–Okt., blauviolett
Pflege: kurzlebig, versamt sich aber leicht. Frühjahrspflanzung empfohlen

Arten/Sorten: 'Lollipop': Zwergform, 60 cm, Juli–Okt., blauviolett, bildet keine Samen, muss nachgepflanzt werden

Blühkalender: Warme Töne bunt gemischt

Nr.	Botanischer Name	Deutscher Name	Höhe (cm)	I	II	III	IV	V	VI	VII	VIII	IX	X	XI	XII	Pflanzabstand (cm)	Pflanzen/qm
	Stauden																
(12)	*Achillea Filipendulina*-Hybride 'Feuerland'	Schafgarbe (▶ Seite 164)	80						■	■		■				40	6
(11)	*Aster laevis* 'Calliope'	Glatte Aster (▶ Seite 166)	120										■	■		60	3
(13)	*Echinacea*-Hybride 'Tomato Soup'	Scheinsonnenhut (▶ Seite 168)	70							■	■	■				35	8
(6)	*Helenium*-Hybride 'Rubinzwerg'	Kleine Sonnenbraut	80							■	■	■				50	3
(7)	*Hemerocallis*-Hybride 'Pfennigparade'	Taglilie	100						■	■						60	2
(8)	*Monarda didyma* 'Squaw'	Goldmelisse	120						■	■	■					50	4
(3)	*Phlox paniculata* 'Red Riding Hood'	Flammenblume	60							■	■	■				50	4
(5)	*Rudbeckia fulgida* var. *sullivantii* 'Goldsturm'	Sonnenhut	80								■	■	■			50	4
(9)	*Rudbeckia missouriensis*	Missourie-Sonnenhut (▶ Seite 172)	40							■	■	■				50	4
(10)	*Solidago*-Hybride 'Strahlenkrone'	Goldrute (▶ Seite 172)	60							■	■	■				50	4
(4)	*Verbena bonariensis*	Patagonisches Eisenkraut	120							■	■	■	■			35	8
	Gräser																
(1)	*Andropogon gerardii* 'Präriesommer'	Bartgras	120								■	■				50	4
(2)	*Calamagrostis brachytricha*	Diamantgras	120									■	■	■		70	2
	Sporobolus heterolepis 'Cloud'	Tautropfengras	50								■	■				40	6
	Zwiebelpflanzen																
	Tulipa kaufmanniana 'Early Harvest'	Seerosen-Tulpe (▶ Seite 172)	25			■	■									15	100
	Crocus flavus	Goldkrokus	10		■	■										5	100

Modulpflanzen — Ergänzungspflanzen

Präriebeete Modul 2

Warme Töne bunt gemischt

Ein Hauch vom Zauber der ursprünglichen Prärielandschaften Nordamerikas steckt in diesem farbenfrohen, sonnigen Beetmodul. Hier blüht es in warmen, changierenden Orange- und Rottönen. Typische Vertreter der Präriestauden in attraktiven, neuen oder schon lange bewährten Sorten bilden vom Hochsommer bis in den Herbst hinein den Blühhöhepunkt des Beets. Die aparten scharlachroten Blüten der Indianernessel 'Squaw' (*Monarda didyma*, Nr. 8) und die rubinroten Blüten der Sonnenbraut 'Rubinzwerg' (*Helenium*-Hybride, Nr. 6) gesellen sich zum leuchtenden Gelb des Sonnenhuts 'Goldsturm' (*Rudbeckia fulgida* var. *sullivantii*, Nr. 5). Zusammen bilden sie über viele Wochen ein stimmiges Blütentrio. Die malerisch über dem Beet schwebenden lila Blütenstände des Patagonischen Eisenkrauts (*Verbena bonariensis*, Nr. 4) bilden nicht nur farbliche Kontrapunkte, sondern sind auch wahre Schmetterlingsmagneten. Die duftenden Blütendolden der Flammenblume 'Red Riding Hood' (*Phlox paniculata*, Nr. 3) setzen ab Juli leuchtend rote Blickpunkte. Filigrane Gräser wie das Bartgras 'Präriesommer' (*Andropogon gerardii*, Nr. 1) und das Diamantgras (*Calamagrostis brachytricha*, Nr. 2) umspielen das Farbenfeuerwerk malerisch. Ergänzt wird die Pflanzenpalette durch die ziegelroten, orangegelb gezeichneten Miniaturblüten der Taglilie 'Pfennigparade' (*Hemerocallis*-Hybride, Nr. 7).

Anpassen und variieren

Die Farbstimmung des Moduls kann durch eine Erweiterung der lila Farbpalette und weitere gelb blühende Stauden fantasievoll variiert werden. Die standfeste, kompakt wachsende Goldrute 'Strahlenkrone' (*Solidago*-Hybride) ist eine ideale Sorte für den Beetvordergrund, denn sie wird nur 60 cm hoch und überzeugt durch ihre leuchtend gelben Strahlenblüten. Sie ist unkompliziert und bleibt brav an der ihr zugewiesenen Stelle. Die Glatte Aster 'Calliope' *(Aster laevis)* setzt im Herbst violette Akzente und ist ein schöner Blühpartner des Patagonischen Eisenkrauts *(Verbena bonariensis)*. Dieses Beet-Modul lässt sich bis auf eine Größe von 0,8 × 0,8 m verkleinern, indem man den unteren und rechten Rasterstreifen weglässt. Alternativ kann man auf den linken Rasterstreifen verzichten, wodurch sich ein 0,8 × 1,2 m großes Beet ergibt. Am schönsten wirkt diese Pflanzenkombination allerdings in ihrer vollen Größe.
Sie können dieses Beet-Modul mit wenig Aufwand auch zu einem malerischen Inselbeet erweitern. Dafür verwenden Sie zwei bis drei unterschiedliche, niedrige Ergänzungspflanzen in kleinen Gruppen von zwei bis drei Exemplaren. So erhält das Beet einen ruhigen, rahmenden Abschluss.
Wer es vielfältig und bunt mag, schöpft die Pflanzenpalette der Ergänzungspflanzen voll aus, so wie die Beet-Variante auf den Seiten 56–57 zeigt.

Zwiebelpflanzen ergänzen

Wer möchte, dass das Beet auch schon im Frühjahr mit einigen Farbspots aufwartet, wertet es mit einigen Zwiebelpflanzen auf. Mit der Seerosen-Tulpe 'Early Harvest' (*Tulipa kaufmanniana)* und dem Goldkrokus *(Crocus flavus)*, die in kleinen Tuffs zwischen die Stauden gesetzt werden, haben Sie bereits ab März erste goldgelbe und kräftige orangerote Farbtupfer im Beet.

Lebensbereich:
frische Freifläche (Fr 2)

UNTEN Der Sonnenhut 'Goldsturm' ist nicht ohne Grund ein sehr bekannter Vertreter der Gattung *Rudbeckia*. Er hat sich schon lange in unseren Gärten bewährt und sollte in keinem klassischen Präriebeet fehlen.

Beet-Variante mit Modul 2: Warme Töne bunt gemischt

Das Beet-Modul wird mit verschiedenen Ergänzungspflanzen zu einem stattlichen Inselbeet mit einem Durchmesser von ca. 2,2 m vergrößert.

Sie lieben leuchtendes Gelb und kräftiges Rot als spannungsreichen Kontrast? Dann ist diese Beet-Variante das Richtige für Sie. Als kleineres Inselbeet passt es in nahezu jede Rasenfläche, kommt aber auch in einer Kies- oder in einer Pflasterfläche, z. B. einer großen Terrasse, gut zur Geltung. Für diesen fertigen Pflanzplan wurde das Präriebeet-Modul 2: Warme Töne bunt gemischt durch fünf verschiedene Ergänzungspflanzen zu einem kreisförmigen Inselbeet mit einem Durchmesser von 2,2 m erweitert. Das Modul selbst wurde hierbei nicht verändert. Damit sich die zur Ergänzung ausgewählten Pflanzen harmonisch integrieren, wurde das im Modul verwendete Diamantgras (*Calamagrostis brachytricha*, Nr. 2) an zwei verschiedenen Stellen als verbindendes Element in die Erweiterungsfläche gesetzt. Die hellviolett blühende Aster 'Calliope' (*Aster laevis*, Nr. 11) blüht bis in den November hinein und erweitert die Farbpalette aufs Schönste. Schon Anfang Oktober, wenn die meisten Stauden nur noch mit vereinzelten Blüten an ihre ehemalige Pracht erinnern, belebt sie das Beet mit einem frischen, ganz bezaubernden Blühaspekt. Die Goldrute 'Strahlenkrone' (*Solidago*-Hybride, Nr. 10) und der Missouri-Sonnenhut (*Rudbeckia missouriensis*, Nr. 9) blühen in strahlendem Gelb und eignen sich aufgrund ihres niedrigen Wuchses einzeln oder in Zweiergruppen bestens für den Beetvordergrund. Den Liebhabern des Scheinsonnenhuts (*Echinacea*-Hybride, Nr. 13), einer typischen Präriepflanze, wird die Sorte 'Tomato Soup' mit ihren einzigartigen tomatenroten Blüten besonders gut gefallen. Sie blüht ausdauernd den ganzen Hochsommer über. Die Doldenblüten der benachbarten Schafgarbe 'Feuerland' (*Achillea Filipendulina*-Hybride, Nr. 12) changieren von leuchtendem Rot zu strahlendem Gelb und bilden einen attraktiven Formenkontrast zum Scheinsonnenhut.

UNTEN Das farbenfrohe Inselbeet zeigt sich von Juli bis weit in den September von seiner schönsten Seite. Hier können Sie nach Herzenslust Blumensträuße für die Vase schneiden.

Beet-Variante mit Modul 2: Warme Töne bunt gemischt

Einkaufsliste
Modulpflanzen

① *Andropogon gerardii* 'Präriesommer' (1)
② *Calamagrostis brachytricha* (3)
③ *Phlox paniculata* 'Red Riding Hood' (2)
④ *Verbena bonariensis* (2)
⑤ *Rudbeckia fulgida* var. *sullivantii* 'Goldsturm' (2)
⑥ *Helenium*-Hybride 'Rubinzwerg' (1)
⑦ *Hemerocallis*-Hybride 'Pfennigparade' (1)
⑧ *Monarda didyma* 'Squaw' (1)

Ergänzungspflanzen

⑨ *Rudbeckia missouriensis* (2)
⑩ *Solidago*-Hybride 'Strahlenkrone' (2)
⑪ *Aster laevis* 'Calliope' (2)
⑫ *Achillea Filipendulina*-Hybride 'Feuerland' (2)
⑬ *Echinacea*-Hybride 'Tomato Soup' (4)

Zwiebelpflanzen

● je 3 *Tulipa kaufmanniana* 'Early Harvest' (15)

Präriebeete Modul 3: Sonnenhungrige Trockenkünstler

In den Prärien Nordamerikas gibt es auch trockene Standorte – die sogenannte Misch- und Kurzgrasprärie. Dieses Beet-Modul ist ein farbenfrohes Beispiel dafür, kombiniert aus Präriestauden mit attraktiven Gräsern und obendrein sehr pflegeleicht – ideal also für alle, die den Garten vor allem genießen möchten.

STANDORT:
frei, voll sonnig
BODEN:
locker, gut durchlässig, trocken, nicht zu feucht, keine Staunässe im Winter
MASSE:
1,6 × 0,8 m

Einkaufsliste

① *Eragrostis trichodes* 'Bend' (1)
② *Stipa tenuissima* (3)
③ *Echinacea paradoxa* (3)
④ *Phlomis tuberosa* 'Amazone' (1)
⑤ *Echinacea pallida* (2)
⑥ *Agastache*-Hybride 'Ayala' (2)
⑦ *Baptisia*-Hybride 'Purple Smoke' (1)

Zwiebelpflanzen

● je 3 *Allium atropurpureum* (9)

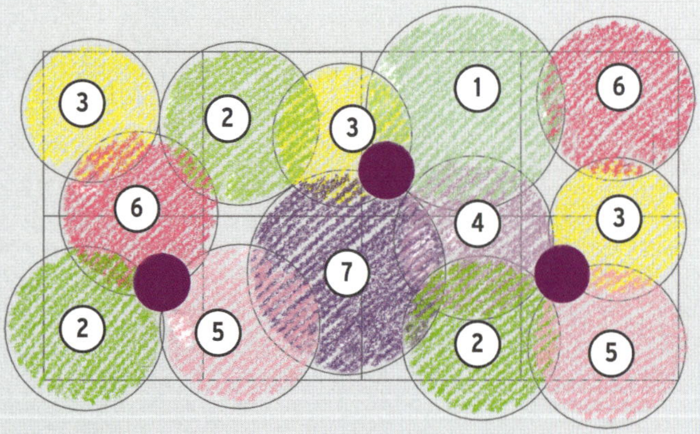

Pflanzplan im Maßstab 1:20

Modulpflanzen im Porträt

◄ **Duftnessel**
Agastache-Hybride
'Ayala'

☼
B 2, Fr 1
Höhe/Wuchs:
100 cm, aufrecht, filigran

Blüte: Juni–Okt.; violettrosa
Pflege: Schutz vor Stau- und Winternässe. Rückschnitt nach der 1. Blühphase möglich

Arten/Sorten:
Agastache Rugosa-Hybride 'Black Adder': 80 cm, Juni–Sept., dunkelblau-violette Blütenkolben

► **Indigolupine**
Baptisia-Hybride
'Purple Smoke'

Standort:
☼
Fr 1–2, GR 1–2
Höhe/Wuchs:
70 cm, halbkugelförmig

Blüte: Mai–Juni, hell purpurviolett
Pflege: Triebe im Spätherbst abschneiden, sonst sehr pflegeleicht

Arten/Sorten:
Baptisia alba var. *macrophylla*, Weiße Indigolupine: 120 cm, Mai–Juni, weiß

◄ **Scheinsonnenhut**
Echinacea pallida

Standort:
☼
Fr 2, GR 2
Höhe/Wuchs:
80 cm, schlank, straff aufrecht

Blüte: Juli–Sept., hellrosa
Pflege:
nach der Blüte zurückschneiden

Arten/Sorten:
'Hula Dancer': 80 cm, Juli–Sept., weiß mit rosa Schimmer

► **Gelber Scheinsonnenhut**
Echinacea paradoxa

Standort:
☼ ◐
Fr 1–2, GR 1–2
Höhe/Wuchs:
80 cm, aufrecht

Blüte: Juli–Okt., gelb mit braunem Kopf
Pflege: vor Staunässe schützen, kompletter Rückschnitt nach der Blüte vitalisiert

Arten/Sorten: –

◄ **Bogen-Liebesgras**
Eragrostis trichodes
'Bend'

Standort:
☼
Fr 1–2
Höhe/Wuchs:
100 cm, filigran, locker, bogig überhängend

Blüte: Aug.–Sept., braunrosa
Pflege: Rückschnitt vor der Samenreife, um Selbstaussaat zu verhindern, keine Winternässe

Arten/Sorten:
Eragrostis spectabilis 'Purpurflirren': 40 cm, violettrosa, orangerot getöntes Laub

► **Brandkraut**
Phlomis tuberosa
'Amazone'

Standort:
☼
Fr 1, B 1
Höhe/Wuchs:
70 cm, straff aufrecht, kompakt

Blüte: Juni–Juli, lilarosa
Pflege: bevorzugt nährstoffreiche Böden, regelmäßig düngen

Arten/Sorten:
Phlomis russeliana: 80 cm, Juni–Juli, gelb

◄ **Federgras**
Stipa tenuissima

Standort:
☼
Fr 1
Höhe/Wuchs:
80 cm, filigran, aufrecht

Blüte: Juli–Aug., silbrig–weiß
Pflege: Frühjahrspflanzung empfohlen. Kein Rückschnitt im Frühjahr, nur »auskämmen«

Arten/Sorten:
Stipa pennata, Flausch-Federgras: 40 cm, Juni–Juli, silber

Blühkalender: Sonnenhungrige Trockenkünstler

Nr.	Botanischer Name	Deutscher Name	Höhe (cm)	I	II	III	IV	V	VI	VII	VIII	IX	X	XI	XII	Pflanzabstand (cm)	Pflanzen/qm
	Stauden																
	Achillea Millefolium-Hybride 'Excel'	Schafgarbe	60													40	6
6	*Agastache*-Hybride 'Ayala'	Duftnessel	100													50	4
7	*Baptisia*-Hybride 'Purple Smoke'	Indigolupine	70													50	4
5	*Echinacea pallida*	Scheinsonnenhut	80													35	8
3	*Echinacea paradoxa*	Gelber Schein-sonnenhut	80													35	8
	Gaura lindheimeri	Prachtkerze	35													35	8
	Geranium sanguineum 'Elsbeth'	Blut-Storchschnabel	80													40	6
	Linum perenne 'Nanum Saphir'	Prärie-Lein	30													25	16
4	*Phlomis tuberosa* 'Amazone'	Brandkraut	70													50	4
	Gräser																
	Andropogon scoparius 'Cairo'	Prärie-Bartgras	80													70	2
	Calamagrostis × acutiflora 'Karl Foerster'	Reitgras	140													90	1
1	*Eragrostis trichodes* 'Bend'	Bogen-Liebesgras	100													50	4
2	*Stipa tenuissima*	Federgras	80													30	11
	Zwiebelpflanzen																
	Allium nigrum	Zierlauch (▶ Seite 165)	80													40	6
	Allium atropurpureum	Granat-Kugellauch (▶ Seite 164)	80													20	12
	Tulipa bakeri 'Lilac Wonder'	Wildtulpe	15													25	12
	Tulipa clusiana 'Cynthia'	Wildtulpe	30													10	100

Modulpflanzen   Ergänzungspflanzen

Präriebeete Modul 3

Sonnenhungrige Trockenkünstler

Trockenheit ist für dieses Präriebeet-Modul kein Problem. Es kann getrost auch bei großer Hitze sich selbst überlassen werden und verzaubert Sie doch zuverlässig vom Frühling bis in den Herbst mit abwechslungsreicher, üppiger Blütenpracht. Die von Mai bis Juni blauviolett blühende Indigolupine 'Purple Smoke' (*Baptisia*-Hybride, Nr. 7) mit kompaktem, kugeligem Wuchs und attraktivem Laub bleibt bis in den Herbst hinein ein schöner, ruhiger Blickpunkt. Die weinroten Halbkugeln des Granat-Kugellauchs *(Allium atropurpureum)* tanzen auf hohen Stielen von Juni bis Juli wie Ausrufezeichen in kleinen Gruppen durchs Beet.
Im Hochsommer stehen die Blüten des Gelben Scheinsonnenhuts (*Echinacea paradoxa*, Nr. 3) wie ein leuchtend gelbes Band im Beet. Umspielt vom feinen, silbrig-gelben Haar des zarten Federgrases (*Stipa tenuissima*, Nr. 2) und dem filigranen Bogen-Liebesgras 'Bend' (*Eragrostis trichodes*, Nr. 1) verbindet er die violetten Farbtupfer der Duftnessel 'Ayala' (*Agastache*-Hybride, Nr. 6) und des Brandkrauts 'Amazone' (*Phlomis tuberosa*, Nr. 4) in spannungsvollem Kontrast. Der rosa blühende Scheinsonnenhut (*Echinacea pallida*, Nr. 3) erweitert als sein farblicher Gegenspieler die Blütenpalette aufs Schönste.

Anpassen und variieren

Eine schöne Erweiterung des Moduls ist die Pracht- oder Präriekerze *(Gaura lindheimeri)*, ein Dauerblüher mit zarten weißen Schmetterlingsblüten und ein typischer Vertreter der nordamerikanischen Präriepflanzen trockener Standorte.
Wer kräftige, leuchtende Farben bevorzugt und das Beet durch einen niedrigen Bodendecker erweitern möchte, findet in dem dankbaren, anspruchslosen Blut-Storchschnabel 'Elsbeth' *(Geranium sanguineum)* mit purpurrosa Blüten und einer spektakulären Herbstfärbung eine wunderbare Ergänzung für den Beetvordergrund.
Die Schafgarbe 'Excel' (*Achillea Millefolium*-Hybride) ist in Tuffs von ein bis drei Pflanzen ein schöner Begleiter des rosa Scheinsonnenhuts. Der himmelblaue Prärie-Lein 'Nanum Saphir' *(Linum perenne)* blüht von Juni bis Ende August. Mit seinem niedrigen Wuchs ist er bestens für den Beetvordergrund geeignet, von wo aus er eine spannende farbliche Liaison mit der Indigolupine 'Purple Smoke' eingeht.
Muss dieses Beet-Modul verkleinert werden, sollte man möglichst nur auf den rechten Rasterstreifen verzichten – es ist dann nur 1,2 × 0,8 m groß –, da sonst das Farbkonzept nicht voll wirken kann. Vergrößern lässt sich das Modul dagegen nach Belieben, indem man es mehrfach neben- oder übereinander setzt oder zu einer L-Form kombiniert.

Zwiebelpflanzen ergänzen

Bereits Ende März öffnen sich die ersten Blüten der Wildtulpe 'Lilac Wonder' *(Tulipa bakeri)* in zartem Lilarosa und präsentieren ihre leuchtend gelbe Basis. Etwas später im April gesellt sich die schlanke Damentulpe 'Cynthia' mit aparten, primelgelben und von außen karmesinrot überhauchten Blüten dazu – in Verbindung mit dem frischen Austrieb der später blühenden Stauden und Gräser ein perfektes Frühlingsbild. Am besten setzt man Tulpen in mehreren kleinen Gruppen von zwei bis drei Zwiebeln zwischen die Stauden.

Lebensbereich:
trockene Freifläche (Fr 1)

UNTEN Die Schafgarbe 'Excel' ist eine bezaubernde Sorte aus der Gruppe der *Millefolium*-Hybriden, die trockene Standorte bevorzugen. Mit ihren lilaroten bis rosa Blüten ist die Sorte eine ideale Ergänzungspflanze für dieses Präriebeet-Modul.

Kiesbeete – bezaubernde Blütenpracht

Auch Kiesbeete und Kiesgärten sind schon lange ein überaus beliebtes Thema in der Gartengestaltung. Die spannungsreiche Kombination von meist grau- oder silberlaubigen Pflanzen mit leuchtenden, farbenfrohen Blüten zusammen mit ruhigen Stein- und Kiesflächen machen den besonderen Charme und den großen Reiz dieses Bepflanzungsthemas aus. Kiesbeete überzeugen nicht nur durch ihre Pflegeleichtigkeit und ihre üppige Blütenfülle, sondern auch mit ihrem charmanten, oft mediterranen Charakter – und einem reizvollen Hauch von wilder, weiter Steppe.

Kiesgärten sind in unserer heutigen Zeit, die vom fortschreitenden Klimawandel geprägt ist, eine auch aus ökologischer Sicht gute Möglichkeit, trockene, heiße Gartenstandorte pflegeleicht und dennoch attraktiv zu bepflanzen.

Nicht immer haben wir optimale Standortbedingungen für das Gärtnern mit anspruchsvolleren Stauden, die ausreichend Wasser und nährstoffreichere Böden bevorzugen. Häufig findet man schwierige Bedingungen vor. Dazu gehören auch sandige, schotterhaltige und schnell austrocknende, nährstoffärmere Böden in voller Sonne, die dem Lebensbereich trockene Freifläche (Fr 1–2) entsprechen. Inzwischen steht jedoch eine reichhaltige Palette prachtvoller Pflanzenzüchtungen zur Verfügung, die für diese speziellen Standortbedingungen bestens geeignet sind.
Wer sich prachtvoll blühende Beete wünscht, aber möglichst wenig Zeit für die Pflege aufbringen will, für den sind Kiesbeete genau richtig. Sie stehen für zeitgemäßes, naturnahes Gärtnern und sind wie Präriebeete ein faszinierendes, überzeugendes Gestaltungsthema des »New German Style«.

Charakter

Malerisch wogende Gräser, immergrüne Halbsträucher wie Lavendel *(Lavandula)* oder Heiligenkraut (*Santolina)*, die auch im Winter Farbe und Struktur ins Beet bringen, und oft aromatisch duftende Stauden wie Blumen-Dost *(Origanum)* oder Steppen-Wolfsmilch *(Euphorbia)* prägen das Bild. Einzelne Gehölze wie Ölweide *(Elaeagnus angustifolia)* oder Weidenblättrige Birne *(Pyrus salicifolia)* setzen wirkungsvolle Akzente.
Steine und Kiesflächen wiederum sind nicht nur optisch prägende Elemente, sondern bilden auch die Grundlage für eine funktionierende Bepflanzung. Daraus ergibt sich der authentische, überzeugende Charakter von Kiesgärten und -beeten. Da viele typische Vertreter des Lebensbereichs trockene Freifläche (Fr 1) aus dem Mittelmeerraum kommen, lassen sich auch ganz leicht Kiesbeete im mediterranen Stil anlegen.

Integrationsmöglichkeiten in den Garten

Die Entscheidung, ob Sie einzelne Kiesbeete oder gleich das ganze Grundstück als Kiesgarten anlegen, hängt natürlich nicht nur von Ihren persönlichen Wünschen und Vorstellungen, sondern auch von der jeweiligen Gartensituation ab. Kleinere,

nach Süden ausgerichtete Grundstücke, z. B. Reihenhausgärten, eignen sich vorzüglich zur Anlage eines kompletten Kiesgärtchens. Oder Sie lassen ein Kiesbeet an eine Terrasse oder einen Sitzbereich angrenzen. In diesem Fall sollte man darauf achten, dass Kies, Steine und Terrassenplatten in Material und Farbe aufeinander abgestimmt sind. Niedrige Trockenmauern geben Kiesbeeten einen passenden Rahmen und bilden zusätzlich einen wunderbaren Wärmespeicher und Windschutz für empfindlichere Pflanzen.

Grundsätzlich sollten Sie zuerst überlegen, ob Ihr Kiesbeet naturnah und ungezwungen aussehen soll oder ob Sie eine formale und moderne Wirkung wünschen. Möchten Sie ein Kiesbeet in eine Rasenfläche integrieren, achten Sie bitte auf einen geeigneten Abschluss, um das Mähen zu erleichtern. Bei organisch geformten Beeten wirken zum Beispiel unregelmäßige Natursteinplatten als Einfassung attraktiv. Für eine moderne, reduzierte Variante können Kiesbeete mit rechteckigen oder quadratischen Steinen eingefasst werden.

Freie Kiesflächen zwischen den bepflanzten Bereichen eignen sich wunderbar zum Aufstellen von einzelnen Stühlen, Bänken oder kleinen Sitzgruppen. So kann man quasi in bester Gesellschaft mit blühenden, duftenden Pflanzen, Bienen und Schmetterlingen den Sommer in mediterraner Umgebung genießen.

Gestaltungsprinzipien und Hinweise zur Planung

Ob naturnah oder modern und formal – beim Thema Kiesgarten haben Sie einen großen Gestaltungsspielraum. Mit Wahl und Anordnung der Pflanzen bestimmen Sie die Wirkung: Mögen Sie malerisch-romantische Pflanzungen, kombinieren Sie viele verschiedene Arten mit unterschiedlichem Erscheinungsbild zwanglos. Wer möchte, kann sich dabei auch auf heimische Pflanzen beschränken. Soll es puristisch und modern sein, werden nur wenige Arten in Reihen, in größeren Gruppen, in regelmäßigem Rhythmus oder sehr reduziert verwendet. Stein- und Kiesflächen dominieren und können mit modernen Kübeln oder Skulpturen wirkungsvoll dekoriert werden. Kiesbeet-Module lassen sich auf ganz entspannte und

OBEN Die goldgelben Blütenrispen des Riesen-Federgrases gehen in diesem Kiesbeet eine gelungene Verbindung mit den lavendelblauen, filigranen Blüten der Blauraute ein.

lockere Art erweitern und auch Anfänger können sich hier versuchen. Denn die Kiesflächen müssen nicht unbedingt dicht an dicht mit Stauden bepflanzt sein. Auch einzelne Pflanzen oder Gruppen von zwei bis drei Exemplaren einer Sorte lassen sich sehr wirkungsvoll um die Beet-Module anordnen. Suchen Sie sich also Ihre Favoriten aus den vorgeschlagenen Pflanzen aus, und lassen Sie Ihrer Fantasie freien Lauf.

UNTEN Ein gelungenes Beispiel für einen locker bepflanzten Kiesgarten. Dank der Trittplatten lassen sich die vielfältigen Pflanzen und ihre Besucher aus dem Reich der Insekten auch ganz aus der Nähe bewundern.

Standortbedingungen

Kiesbeete gehören zum Lebensbereich trockene Freifläche (Fr 1–2) , denn sie benötigen einen freien, sonnigen Standort und einen gut durchlässigen, sandig-kiesigen Boden. Der Nährstoffgehalt darf keinesfalls zu hoch sein. Wichtig ist, dass vor allem im Winter keine Staunässe entsteht und Niederschläge schnell versickern können. Feuchte Füße mögen die Stauden dieses Lebensbereichs auf keinen Fall.

Bodenvorbereitung

Ist der Boden bereits sandig und gut durchlässig, müssen Sie das Beet nur sorgfältig umgraben. Organische oder mineralische Dünger brauchen Sie nicht extra zuzugeben, da die Pflanzen dieses Lebensbereichs weniger Nährstoffe benötigen.
Ist der Boden schwerer und lehmhaltig, muss er verbessert werden, um die Standortwünsche der Kiesgartenpflanzen zu erfüllen.
Ist der Boden am gewünschten Standort gänzlich ungeeignet, also lehmig-schwer und undurchlässig und findet sich kein alternativer Standort, hilft nur ein Bodenaustausch (▶ Seite 34). Eine ca. 10 cm dicke Schicht aus grobem Kies oder Schotter sorgt für die nötige Dränage.
Dann wird der neue Boden – eine Mischung aus Splitt (Korngröße 8–32 mm, 40 %), gewaschenem Sand (40 %) und Kompost (20 %) – aufgefüllt. Die meisten Kiesgartenpflanzen bevorzugen einen kalkhaltigen Boden, daher sollte als Splittmaterial Kalkstein gewählt werden.

Mit Splitt und Kies gestalten

Die Wahl des Gesteinsmaterials, mit dem Beete, freie Flächen und Wege bedeckt sind, bestimmt das optische Erscheinungsbild eines Kiesgartens. Daher sollte man bei der Auswahl nicht nur das Farbthema der Bepflanzung, sondern auch die Umgebung und vorhandene Materialien von Fassade, Mauern und anderen Gestaltungselementen mit einbeziehen. Empfehlenswert sind gedeckte, dezente Farben wie Beige oder Hellgrau. Weiß wirkt dagegen meist sehr hart, außerdem sieht man hier Verschmutzungen stärker.
Bei Ziersplitt handelt es sich um ein gebrochenes Material, Kies hat dagegen abgerundete Kanten. Beide sind in vielen Farben, Sorten und Körnungen erhältlich. Meist ist die Korngröße 8–16 mm Standard. Aber auch gröbere Körnungen bis zu 60 mm sind erhältlich. Diese sollte man jedoch nicht als Mulchmaterial für die Beete verwenden, sondern nur zur Dekoration in bestimmten Teilbereichen.

Pflanzung

Die Pflanzung erfolgt idealerweise ab Anfang April bis Ende Mai. Eine Pflanzung im Spätsommer oder frühen Herbst ist auch möglich, dann sollten Sie aber empfindliche Halbsträucher wie Bartblume *(Caryopteris)* oder Blauraute *(Perovskia)* bei Frost gut abdecken oder erst im kommenden Frühjahr pflanzen. Nach der Pflanzung wird eine ca. 4 cm dicke Schicht mineralischen Mulchmaterials wie Splitt oder Kies (Körnung 8–11 oder 8–16 mm) aufgebracht. Sie ist ein willkommener Verdunstungsschutz und hält aufkommendes Unkraut in Schach, solange die Vegetationsdecke noch nicht geschlossen ist. Bedecken Sie jedoch die Pflanzen im Bereich des Pflanzenballens nicht zu hoch mit Mulch. Alternativ kann man die Mulchschicht auch vor der Pflanzung auf dem Beet ausbringen und die Pflanzen direkt hineinsetzen.

Pflege übers Jahr

Ein Garten ist nie fertig – diese Gartenweisheit trifft auch auf Kiesbeete und -gärten zu, denn sie sind ein Paradebeispiel für eine dynamische Bepflanzung. Sie verändern ihr Gesicht nicht nur regelmäßig im Jahreslauf, sondern auch im Verlauf der Jahre – ein spannender Prozess, den Sie mehr oder weniger stark lenken können.
Wichtig ist zunächst, dass sich die neu gepflanzten Stauden und Halbsträucher ungestört und, ohne durch Unkraut bedrängt zu werden, zu ihrer vollen Größe entwickeln können. Das dauert meist ein bis zwei Jahre. Sie müssen also darauf achten, dass sich keine ungebetenen Gäste im Beet ausbreiten. Kontrollieren Sie deshalb nach der Pflanzung Ihr Beet regelmäßig, und entfernen Sie aufkommendes Unkraut möglichst bald.
Später entwickelt jedes Beet eine gewisse Eigendynamik durch Versamung und das Wandern kurzlebiger Stauden oder durch das fortschreitende Wachstum ausbreitungsfreudiger Arten wie Brandkraut *(Phlomis)* oder Woll-Ziest *(Stachys)*. Hier entscheiden Sie, wieweit Sie eingreifen möchten, um das gewünschte Bild zu erhalten. Breiten sich Vagabunden wie Mohn *(Papaver)*, Spornblume *(Centranthus)* oder Nachtkerze *(Oenothera)* durch Versamung zu stark aus, entfernen Sie deren Sämlinge regelmäßig. Einer zu starken Versamung kann man auch vorbeugen, indem man verblühte Blütenstände sofort abschneidet.
Im Frühjahr müssen die abgestorbenen Gräser und Stauden bis zum Boden zurückgeschnitten und das Schnittgut komplett vom Beet bzw. den Kiesflächen entfernt werden. Halbsträucher wie Bartblume und Blauraute werden bis ca. 10 cm über dem Boden zurückgeschnitten. Gewürz-Salbei *(Salvia officinalis)* schneidet man erst im späten Frühjahr oder nach der Blüte, wenn er zu groß geworden ist, in Form geschnitten werden soll oder wenn er im Winter zurückgefroren ist. Lavendel schneidet man dagegen im Frühjahr möglichst nur im jungen Holz in Form. Nach der Blüte schneidet man ihn dann noch einmal im oberen Drittel leicht zurück, sodass bis zum Winter durch Neuaustrieb schöne dichte Halbkugeln entstehen. Diese geben dem Beet auch im Winter eine attraktive Struktur. Die Blütenstiele im Frühling blühender Halbsträucher wie die Mittelmeer-Wolfsmilch *(Euphorbia)* schneidet man nach der Blüte bis knapp über dem Boden ab.
Jetzt ist auch ein günstiger Zeitpunkt, um die Mulchschicht aus Kies oder Splitt aufzufüllen, falls dies aus optischen Gründen nötig ist.

UNTEN Auch im Kleinen sind Kiesbeete immer wieder für eine Überraschung gut: Wie die blauen Blütensterne des Schneestolzes, der sich jedes Jahr aufs Neue im zeitigen Frühling durch die Splittschicht schiebt.

RECHTS Die imposante Fackellilie zieht mit ihren orangefarbenen Blütenkolben in diesem Kiesbeet alle Blicke auf sich. Violette Astern, gelber Sonnenhut, roter Kerzen-Knöterich und die Palmlilie 'Bright Edge' mit ihrem kontrastreich gelb gezeichnetem Laub setzen spannungsvolle Kontrapunkte.

Kiesbeete Modul 1: Elegantes Farbenspiel

Für Liebhaber eleganter und dennoch abwechslungsreicher Blütenkombinationen ist das »Elegante Farbenspiel« ein willkommenes Starterkit zur Anlage eines ganzen Kiesgartens mit einem Blühhöhepunkt im Frühsommer. Die Ergänzungspflanzen ermöglichen vielfältige Variationsmöglichkeiten.

STANDORT:
frei, vollsonnig
BODEN:
trocken, schottrig-sandig, sehr gut durchlässig, kalkhaltig, nährstoffarm, keine Staunässe, vor allem im Winter
MASSE:
0,8 × 1,2 m

Einkaufsliste

① *Iris barbata-elatior* 'Lovely Again' (1)
② *Salvia nemorosa* 'Caradonna' (1)
③ *Papaver orientale* 'Karine' (1)
④ *Centranthus ruber* 'Albus' (1)
⑤ *Euphorbia seguieriana* ssp. *niciciana* (1)
⑥ *Centaurea montana* 'Purple Prose' (1)
⑦ *Stachys byzantina* 'Silver Carpet' (3)

Zwiebelpflanzen
● je 3 *Allium*-Hybride 'Forelock' (12)

Pflanzplan im Maßstab 1:20

Modulpflanzen im Porträt

◄ Berg-Flockenblume
Centaurea montana
'Purple Prose'

Standort:
☼ ◑
Fr 1–2, B 1–2, GR 1–2
Höhe/Wuchs:
50 cm, buschig, kriechend

Blüte: Mai–Juli, tief purpurrosa
Pflege: Rückschnitt nach der Blüte bringt 2. Blüte und verhindert Selbstaussaat

Arten/Sorten:
Centaurea montana 'Carnea': 50 cm, Mai–Juli, hellrosa

► Weiße Spornblume
Centranthus ruber
'Albus'

Standort:
☼
Fr 1
Höhe/Wuchs:
40 cm, üppig, aufrecht bis lagernd

Blüte: Juni–Sept., weiß
Pflege: Rückschnitt nach der Blüte bringt 2. Blüte und verhindert Selbstaussaat

Arten/Sorten:
Centranthus ruber var. *coccineus* 'Rosenrot': 50 cm, hellrot; *Centranthus angustifolius*: 30 cm, rosa

◄ Steppen-Wolfsmilch
Euphorbia seguieriana ssp. *niciciana*

Standort:
☼
Fr 1–2
Höhe/Wuchs:
60 cm, buschig, halbkugeliger Horst

Blüte: Juni–Okt., hellgelb
Pflege: kann nach der Blüte kräftig zurückgeschnitten werden, Laub treibt neu aus

Arten/Sorten:
Euphorbia myrsinites: 20 cm, Mai–Juni, hellgelb, wintergrünes blaugrünes Laub

► Hohe Bart-Iris
Iris barbata-elatior
'Lovely Again'

Standort:
☼
B 1–2, Fr 1–2
Höhe/Wuchs:
80 cm, aufrecht, schwertförmiges Laub

Blüte: Mai–Juni, Sept. lavendelblau
Pflege: nur vergilbtes Laub entfernen. Rhizome nicht ganz mit Erde bedecken

Arten/Sorten:
'Gypsy Romance': 90 cm, purpur-violett; 'K. H. Darwin', 80 cm, weiß mit violetter Aderung

◄ Orientalischer Mohn
Papaver orientale
'Karine'

Standort:
☼
B 1–2, Fr 1–2
Höhe/Wuchs:
60 cm, aufrecht horstig

Blüte: Mai–Juni, hellrosa, rote Flecken
Pflege: Laub zieht nach der Blüte ein, Rückschnitt verblühter Blütenstände

Arten/Sorten:
'Royal Wedding': 70 cm, Mai–Juni, weiß mit schwarzen Flecken

► Steppensalbei
Salvia nemorosa
'Caradonna'

Standort:
☼
B 1–2, Fr 1–2
Höhe/Wuchs:
70 cm, straff aufrecht

Blüte: Juni, Sept., dunkelviolett
Pflege: nach der ersten Blüte bis zum Boden zurückschneiden, regt 2. Blüte an

Arten/Sorten:
'Ostfriesland': 50 cm, Juni, Sept., violettblau; 'Viola Klose': 40 cm, Mai–Juni, Sept., dunkelviolett

◄ Teppich-Wollziest
Stachys byzantina
'Silver Carpet'

Standort:
☼
Fr 1
Höhe/Wuchs:
20 cm, teppichartig

Blüte: Juni–Juli, silbergrau
Pflege: Staunässe unbedingt vermeiden

Arten/Sorten:
'Big Ears': 50 cm, Juni–Juli, lilarosa, wintergrün, teppichartiger Wuchs

Blühkalender: Elegantes Farbenspiel

Nr.	Botanischer Name	Deutscher Name	Höhe (cm)	I	II	III	IV	V	VI	VII	VIII	IX	X	XI	XII	Pflanzabstand (cm)	Pflanzen/qm
	Stauden																
⑥	*Centaurea montana* 'Purple Prose'	Berg-Flockenblume	50													40	6
④	*Centranthus ruber* 'Albus'	Weiße Spornblume	40													45	4
⑤	*Euphorbia seguieriana* ssp. *niciciana*	Steppen-Wolfsmilch	60													40	6
①	*Iris barbata-elatior* 'Lovely Again'	Hohe Bart-Iris	100													40	6
	Lychnis coronaria	Samtnelke	70													50	4
	Nepeta racemosa 'Odeur Citron'	Katzenminze	25													35	8
③	*Papaver orientale* 'Karine'	Orientalischer Mohn	60													70	2
②	*Salvia nemorosa* 'Caradonna'	Steppensalbei	70													35	8
	Sedum-Hybride 'Karfunkelstein'	Hohe Fetthenne	40													45	4
⑦	*Stachys byzantina* 'Silver Carpet'	Teppich-Wollziest	20													30	11
	Gräser																
	Stipa gigantea	Riesen-Federgras	160													90	1
	Zwiebelpflanzen																
	Allium-Hybride 'Forelock'	Zierlauch (▶ Seite 165)	140													10	15
	Gladiolus communis ssp. *byzantinus*	Byzantinische Siegwurz	60													20	60

Modulpflanzen   Ergänzungspflanzen

Kiesbeete Modul 1

Elegantes Farbenspiel

Dieses Kiesbeet-Modul überzeugt durch eine dezente, elegante Farbauswahl und einen spannungsreichen Formenkontrast der Blüten und Blätter. Vor einer niedrigen Trockenmauer kommt es am besten zur Geltung und ist das ganze Jahr über ein Hingucker. Seinen Blühhöhepunkt hat es im Juni, wenn die Hohe Bart-Iris 'Lovely Again' (*Iris barbata-elatior*, Nr. 1) das erste Mal ihre bezaubernden lavendelblauen Blüten öffnet. Im Herbst blüht sie ein zweites Mal – genauso schön, wie ihr Sortenname verrät. Nach der Blüte bildet ihr schwertförmiges, klar konturiertes Laub einen spannungsvollen Kontrast zur benachbarten, munter weiterblühenden Weißen Spornblume 'Albus' (*Centranthus ruber*, Nr. 4). Die Kissen der grüngelb blühenden Steppen-Wolfsmilch (*Euphorbia seguieriana* ssp. *niciciana*, Nr. 5) bringen als formale Blickpunkte Ruhe ins Beet, und der Orientalische Mohn 'Karine' (*Papaver orientale*, Nr. 3) entzückt mit zarten Schalenblüten in reinstem Rosa. Seine Begleiter, der straff aufrechte Steppensalbei 'Caradonna' (*Salvia nemorosa*, Nr. 2) mit fast schwarzvioletten Stielen und die farblich harmonierende Berg-Flockenblume 'Purple Prose' (*Centaurea montana*, Nr. 6), sind aber nicht minder eindrucksvoll. Wenn der Mohn später nach der Blüte einzieht, verdecken sie den freien Platz im Beet.
Der niedrige Wollziest 'Silver Carpet' (*Stachys byzantina*, Nr. 7) legt sich wie ein dichter silberner Teppich vor das muntere Farbenspiel der Blüten. Die urig geformten Köpfe des Zierlauchs 'Forelock' umtanzen auf bis zu 1,5 m hohen Stielen das Beet in der obersten Etage.

Anpassen und variieren

Wer genug Platz im Garten hat, kann das Kiesbeet-Modul einfach durch Aneinandersetzen oder Spiegeln vergrößern. Mögen Sie es bunter, kann die in leuchtendem Magenta blühende Siegwurz *(Gladiolus communis* ssp. *byzantinus)*, eine winterfeste Gladiole, oder die Samtnelke *(Lychnis coronaria)* den Platz der weiß blühenden Spornblume 'Albus' *(Centranthus ruber)* einnehmen. Der silberne Teppich aus Wollziest 'Silver Carpet' kann nach Belieben über den vorderen Beetrand hin vergrößert werden. Man kann ihn aber auch als Insel oder breiten Streifen tiefer ins Beet ziehen. Alternativ lässt man ihn ganz weg und gestaltet den Bereich mit Ergänzungspflanzen. Gut dafür geeignet ist die Hohe Fetthenne 'Karfunkelstein' (*Sedum*-Hybride) mit dunkelroten, fleischigen Blättern oder die niedrige Katzenminze 'Odeur Citron' *(Nepeta racemosa)*, die den ganzen Sommer über mit violetten Blüten und nach Zitrone duftenden Blättern überzeugt.
Wer es malerisch und natürlich mag, setzt die Pflanzen des Moduls einfach mit größerem Abstand, sodass ein rundes oder unregelmäßig organisch geformtes Inselbeet entsteht. Dabei kann man auch mit einzelnen Pflanzenarten größere Gruppen bilden.

Lebensbereich:
trockene Freifläche (Fr 1)

UNTEN Die Byzantinische Siegwurz ist eine recht winterfeste Art der bei uns schon lange beliebten, aber leider nicht winterfesten Edel-Gladiole.

Kiesbeete Modul 2: Mediterrane Momente

»Mediterrane Momente« ist ein schlicht und reduziert gehaltenes Beet-Modul, mit dem Sie sich dennoch den besonderen Zauber der Mittelmeerlandschaften in den Garten holen können. In Verbindung mit Kiesflächen oder mediterran anmutenden Steinplatten entsteht ein sehr wirkungsvolles Gestaltungselement.

STANDORT:
vollsonnig, windgeschützt
BODEN:
trocken, schottrig-sandig, sehr gut durchlässig, kalkhaltig, nährstoffarm, keine Staunässe, vor allem im Winter
MASSE:
0,8 × 1,2 m

Einkaufsliste

① *Pyrus salicifolia* 'Pendula' (1)
② *Lavandula angustifolia* 'Miss Katherine' (2)
③ *Geranium Renardii*-Hybride 'Philippe Vapelle' (2)
④ *Euphorbia characias* ssp. *wulfenii* 'Shorty' (1)
⑤ *Santolina chamaecyparissus* (1)
⑥ *Perovskia atriplicifolia* 'Little Spire' (1)
⑦ *Linaria purpurea* (1)

Zwiebelpflanzen
● je 1 *Allium christophii* (5)

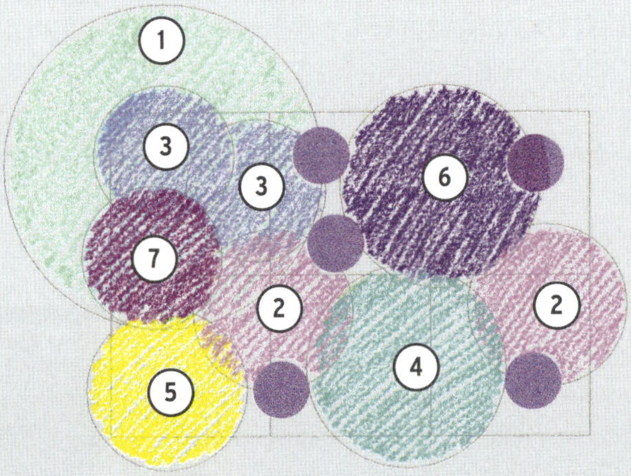

Pflanzplan im Maßstab 1:20

Modulpflanzen im Porträt

◄ Mittelmeer-Wolfsmilch
Euphorbia characias ssp. *wulfenii* 'Shorty'

Standort: ☼
Fr 1
Höhe/Wuchs: 80 cm, buschig horstig

Blüte: Mai–Juni, hellgelb
Pflege: verblühte Blütenstände über dem Boden abschneiden

Arten/Sorten: *Euphorbia polychroma* 'Purpurea', Braunrote Wolfsmilch: 40 cm, April–Mai, gelb, rötliches Laub

► Storchschnabel
Geranium Renardii-Hybride 'Philippe Vapelle'

Standort: ☼
Fr 1–2
Höhe/Wuchs: 45 cm, zierlich horstig, wintergrün

Blüte: Juni–Juli, violett, dunkle Adern
Pflege: im Frühjahr zurückschneiden

Arten/Sorten: *Geranium renardii*: 25 cm, weiß, robuster, immergrüner Bodendecker

◄ Garten-Lavendel
Lavandula angustifolia 'Miss Katherine'

Standort: ☼
Fr 1
Höhe/Wuchs: 60 cm, kugeliger Halbstrauch

Blüte: Juni–Juli, rosa
Pflege: im Frühjahr und nach der Blüte leicht in Form schneiden

Arten/Sorten: 'Jamlitz': 50 cm, blauviolett; 'Blue Mountain White': 60 cm, weiß; 'Blue Cushion': 30 cm, hellviolett

► Purpur-Leinkraut
Linaria purpurea

Standort: ☼
Fr 1
Höhe/Wuchs: 70 cm, locker aufrecht

Blüte: Juli–Okt., purpurviolett
Pflege: um Selbstaussaat zu verhindern, abgeblühte Stiele sofort zurückschneiden

Arten/Sorten: 'Alba': 70 cm, weiß; 'Canon J. Went': 70 cm, rosa

◄ Kleine Blauraute
Perovskia atriplicifolia 'Little Spire'

Standort: ☼
Fr 1
Höhe/Wuchs: 80 cm, buschig-aufrechter Halbstrauch

Blüte: Aug.–Sept., violettblau
Pflege: im Frühjahr ganz zurückschneiden, keine Winternässe

Arten/Sorten: 'Blue Spire': 150 cm, violettblau

► Weidenblättrige Birne
Pyrus salicifolia 'Pendula'

Standort: ☼
Höhe/Wuchs: 5 m, malerisch überhängend

Blüte: April–Mai, weiß, unscheinbar
Pflege: lässt sich gut in Form schneiden

Arten/Sorten: –

◄ Heiligenkraut
Santolina chamaecyparissus

Standort: ☼
Fr 1
Höhe/Wuchs: 40 cm, kompakter Halbstrauch

Blüte: Juli–Aug., gelb
Pflege: im Austrieb und nach der Blüte in Form schneiden, Winterschutz

Arten/Sorten: *Santolina rosmarinifolia* ssp. *rosmarinifolia*, Grünes Heiligenkraut: 50 cm, hellgelb

Blühkalender: Mediterrane Momente

Nr.	Botanischer Name	Deutscher Name	Höhe (cm)	I	II	III	IV	V	VI	VII	VIII	IX	X	XI	XII	Pflanzabstand (cm)	Pflanzen/qm
	Stauden																
④	*Euphorbia characias* ssp. *wulfenii* 'Shorty'	Mittelmeer-Wolfsmilch	80													50	3
③	*Geranium Renardii*-Hybride 'Philippe Vapelle'	Storchschnabel	45													30	11
②	*Lavandula angustifolia* 'Miss Katherine'	Garten-Lavendel	60													30	11
⑦	*Linaria purpurea*	Purpur-Leinkraut	65													30	11
	Origanum Laevigatum-Hybride 'Aromatico'	Blumen-Dost	30													30	11
⑥	*Perovskia atriplicifolia* 'Little Spire''	Kleine Blauraute	75													80	1
⑤	*Santolina chamaecyparissus*	Heiligenkraut	40													40	6
	Thymus doerfleri 'Bressingham Seedling'	Polster-Thymian	5													25	16
	Yucca filamentosa	Palmlilie	60													90	1
	Gräser																
⑨	*Helictotrichon sempervirens* 'Saphirsprudel'	Blaustrahlhafer (▶ Seite 169)	100													60	2
	Gehölze																
⑧	*Juniperus scopulorum* 'Blue Arrow'	Raketen-Wacholder (▶ Seite 170)	600														
①	*Pyrus salicifolia* 'Pendula'	Weidenblättrige Birne	500														
	Zwiebelpflanzen																
	Allium christophii	Sternkugel-Lauch (▶ Seite 164)	40													30	6
	Allium karataviense 'Ivory Queen'	Blauzungen-Lauch	20													30	11
	Tulipa turkestanica	Turkestanische Wildtulpe (▶ Seite 173)	25													10	100

Modulpflanzen   Ergänzungspflanzen

Kiesbeete Modul 2

Mediterrane Momente

Viele Kiesgartenpflanzen, die den Lebensbereich »Trockene Freifläche« (Fr 1) bevorzugen, stammen aus dem Mittelmeerraum. Lavendel ist der Klassiker unter ihnen, und auch Kräuter wie Gewürz-Salbei *(Salvia officinalis)* oder Thymian *(Thymus)* vermitteln mediterrane Momente im Garten.

Da viele mediterrane Pflanzen wie Agaven, Olivenbaum oder Mittelmeer-Zypressen bei uns nicht winterfest sind, muss man auf frostfeste Alternativen ausweichen. Der Raketen-Wacholder 'Blue Arrow' *(Juniperus scopulorum)* ist ein schöner Ersatz für Mittelmeer-Zypressen. Die wintergrüne Palmlilie *(Yucca filamentosa)* erinnert an Agaven. Zwerg-Kiefern wie *Pinus sylvestris* 'Watereri' sind gerade für kleine Beete eine Alternative für Pinien. Hier wird die Olive durch die Weidenblättrige Birne 'Pendula' (*Pyrus salicifolia*, Nr. 1) ersetzt. Sie bildet, unterpflanzt mit dem wintergrünen Storchschnabel 'Philippe Vapelle' (*Geranium Renardii*-Hybride, Nr. 3), das statische Moment in diesem Modul und kann bei Bedarf in jede Form geschnitten werden. Der Lavendel 'Miss Katherine' (*Lavandula angustifolia*, Nr. 2) mit rosa Blüten und kissenförmigem Wuchs ist auch im Winter ein grüner Blickpunkt im Beet. Purpur-Leinkraut (*Linaria purpurea*, Nr. 7), eine mediterrane Wildstaude, ist das dynamische Element der Pflanzung. Sie wandert gern durch Versamung im Beet umher, wodurch sich immer neue Bilder ergeben – es sei denn, man gebietet ihr Einhalt durch rechtzeitiges Entfernen von Samenständen und von Sämlingen. Die Mittelmeer-Wolfsmilch 'Shorty' (*Euphorbia characias* subsp. *wulfenii*, Nr. 4) überzeugt nicht nur durch ihren kompakten Wuchs und die großen grüngelben Blütenstände, sondern auch durch das attraktive, wintergrüne Laub. Auch das Heiligenkraut (*Santolina chamaecyparissus*, Nr. 5) ist wintergrün und kann zu dekorativen Kissen in Form geschnitten werden. Die gelben kleinen Blütenknöpfchen erscheinen im Juli und sind ein spannungsreicher Kontrast zu den violetten Blütenkugeln des Sternkugel-Lauchs *(Allium christophii)* sowie den lavendelblauen Ähren der Blauraute 'Little Spire' (*Perovskia atriplicifolia*, Nr. 6).

Anpassen und Variieren

Sie können das Modul wiederholen und mit Kies oder Steinplatten kombinieren, sodass ein kleiner Kiesgarten entsteht, der vorzüglich vor eine sonnige Terrasse passt. Die Weidenblättrige Birne wird entweder weggelassen oder durch andere Stauden oder Gehölze der Liste ersetzt. Heiligenkraut oder die Blauraute 'Little Spire' kann man gegen den stahlblauen Blatthorst des Blaustrahlhafers 'Saphirsprudel' *(Helictotrichon sempervirens)* austauschen. Mit seinen filigranen Blütenständen ist das Gras ein schöner Gegenspieler zur Mittelmeer-Wolfsmilch. Wer eine formalere Wirkung wünscht, ersetzt die Weidenblättrige Birne durch den Raketen-Wacholder 'Blue Arrow' (*Juniperus scopulorum*). Ein Beispiel für die Umsetzung dieser Idee zeigt der Pflanzplan auf den Seiten 76–77.

Zwiebelpflanzen ergänzen

Die schlanke Turkestanische Wildtulpe *(Tulipa turkestanica)* öffnet ihre cremeweißen Blüten mit gelber Mitte schon im März und vermehrt sich mit den Jahren gern durch Selbstaussaat. Es reicht also, wenn Sie ein bis zwei Tuffs à drei Zweibeln zwischen die Stauden setzen.

Lebensbereich:
trockene Freifläche (Fr 1)

UNTEN Sonnenhungrige Trockenkünstler: Eine gelungene Farb- und Formkombination aus der Fetthenne mit dunkelbraunem Laub, den stahlblauen, halbkugeligen Gräserhorsten des Blau-Schwingels und den filigranen Blütenrispen der Blauraute.

Beet-Variante mit Modul 2: Mediterrane Momente

Für diesen Bepflanzungsvorschlag wurde das Kiesbeet-Modul 2 dreifach verwendet und durch Kiesflächen und Natursteinplatten zu einer gestalterischen Einheit verbunden.

Die Beetkombination ist 3,6 m lang und 1,2 m breit. Man kann sie als kleinen, formalen Kiesgarten vor eine sonnige Hauswand oder eine Trockenmauer platzieren oder auch als Rahmen vor einer sonnigen Terrasse verwenden. Die Weidenblättrige Birne 'Pendula' (*Pyrus salicifolia*, Nr. 1) wurde dabei nur in einem Modul belassen, um die Fläche nicht zu überfüllen. Sie kann aber auch, falls wenig Platz vorhanden ist oder eine formalere Wirkung erzielt werden soll, problemlos in jede Form geschnitten werden. In einem der drei Module wird zur Abwechslung ihr Platz von einem schlank wachsenden Raketen-Wacholder 'Blue Arrow' (*Juniperus scopulorum*, Nr. 8) eingenommen, der in seiner Erscheinung an eine Mittelmeer-Zypresse erinnert, jedoch völlig winterhart ist. Er verstärkt die mediterrane Wirkung und ist auch im Winter ein attraktiver, grüner Blickfang. Um das Bild weiter aufzulockern, wurde eine Blauraute 'Little Spire' (*Perovskia atriplicifolia*, Nr. 6) durch ein passendes Ziergras, den attraktiven Blaustrahlhafer 'Saphirsprudel' (*Helictotrichon sempervirens*, Nr. 9) ersetzt.

Wer mag, kann auf die Kiesflächen zusätzlich einen oder zwei Kübel mit mediterranen Pflanzen wie Oleander, Agave oder Zitrone stellen und so das mediterrane Thema abrunden. Auch die Afrikanische Schmucklilie *(Agapanthus africanus)* passt ins Bild. Sie wirkt besonders schön, wenn man sie in mehreren Kübeln reihenförmig aufstellt. Diese Kübelpflanzen müssen allerdings im Spätherbst ins Haus geholt und an einem frostfreien Platz überwintert werden. Im Mai kann man sie dann wieder an ihren angestammten Platz ins Freie stellen.

Tipps und Tricks zur Pflege

Das aromatisch duftende Heiligenkraut *(Santolina chamaecyparissus)* lässt sich gut in Form schneiden und bildet dann schöne graugrüne Kissen im Beet. Geschnitten wird es im Frühjahr mit dem Austrieb. Nach der Blüte können Sie die verblühten Blütenstände abschneiden und die ganze Pflanze nochmals leicht nachschneiden. Das Heiligenkraut ist dankbar, wenn sie es bei starkem Frost und Wintersonne leicht abdecken.

UNTEN Dieses attraktive Kiesbeet ist pflegeleicht und überzeugt durch schlichte Eleganz und zurückhaltende Farbwahl. Der neu hinzugenommene Raketen-Wacholder 'Blue Arrow' und der Blaustrahlhafer 'Saphirsprudel' setzen neue Akzente.

Beet-Variante mit Modul 2: Mediterrane Momente

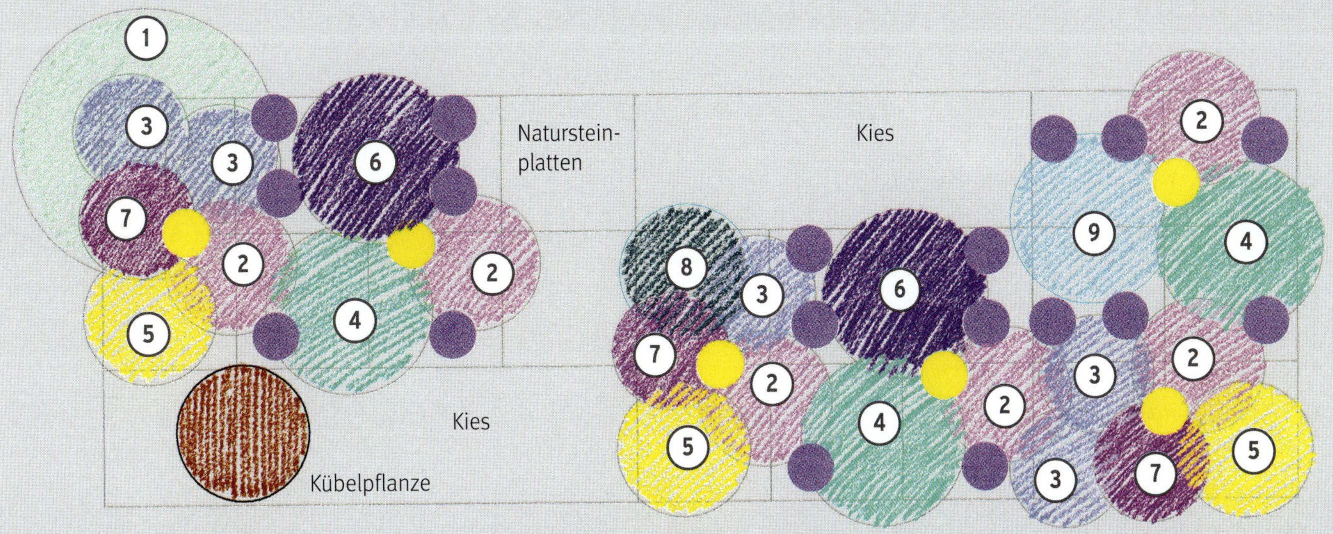

Einkaufsliste

Modulpflanzen

1. *Pyrus salicifolia* 'Pendula' (1)
2. *Lavandula angustifolia* 'Miss Katherine' (6)
3. *Geranium Renardii*-Hybride 'Philippe Vapelle' (5)
4. *Euphorbia characias* ssp. *wulfenii* 'Shorty' (3)
5. *Santolina chamaecyparissus* (3)
6. *Perovskia atriplicifolia* 'Little Spire' (2)
7. *Linaria purpurea* (3)

Ergänzungspflanzen

8. *Juniperus scopulorum* 'Blue Arrow' (1)
9. *Helictotrichon sempervirens* 'Saphirsprudel' (1)

Zwiebelpflanzen

- je 1 *Allium christophii* (18)
- je 5 *Tulipa turkestanica* (30)

Kiesbeete Modul 3: Wildblumenbeet

Gärtnern im Einklang mit der Natur und das Beobachten von Pflanzen und Tieren bereitet vielen Gartenbesitzern große Freude. So entsteht der Wunsch, möglichst nur heimische Pflanzen in den eigenen Garten einziehen zu lassen. Dieses Wildblumenbeet bietet hierfür einen schönen Einstieg.

STANDORT:
vollsonnig
BODEN:
trocken, sehr gut durchlässig, kalkhaltig, nährstoffarm, bis zu 30–40 cm Tiefe möglichst überwiegend aus Kies- und Schottermaterial
MASSE:
1,6 × 1,2 m (ovales Inselbeet)

Einkaufsliste

(1) *Verbascum densiflorum* (1)
(2) *Aster amellus* 'Veilchenkönigin' (1)
(3) *Anthemis tinctoria* 'Dwarf Form' (2)
(4) *Dianthus carthusianorum* (2)
(5) *Centaurea scabiosa* (1)
(6) *Achillea millefolium* (1)
(7) *Pulsatilla vulgaris* (2)

Zwiebelpflanzen

je 3 *Narcissus pseudonarcissus* ssp. *lobularis* (15)

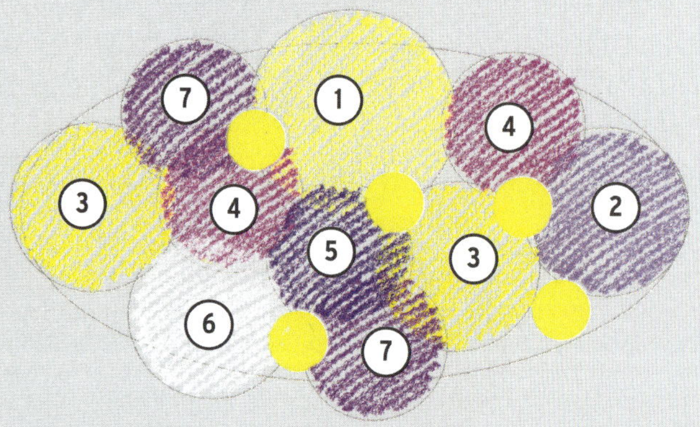

Pflanzplan im Maßstab 1:20

Modulpflanzen im Porträt

◄ **Wiesen-Schafgarbe**
Achillea millefolium

Standort: ☼ Fr 1–2
Höhe/Wuchs: 40 cm, locker horstig

Blüte: Juni–Sept., weiß
Pflege: verblühte Stiele regelmäßig abschneiden

Arten/Sorten: –

► **Färberkamille**
Anthemis tinctoria
'Dwarf Form'

Standort: ☼ Fr 1
Höhe/Wuchs: 40 cm, buschig kompakt, halbkugelig

Blüte: Juni–Sept., goldgelb
Pflege: Rückschnitt nach der Hauptblüte und im Spätsommer

Arten/Sorten: 'Sauce Hollandaise': 50 cm, cremeweiß; *Anthemis tinctoria*, heimische Färberkamille: 50 cm, goldgelb

◄ **Sommer-Aster**
Aster amellus
'Veilchenkönigin'

Standort: ☼ B 1–2, Fr 1–2
Höhe/Wuchs: 50 cm, horstig, aufrecht

Blüte: Aug.–Okt., dunkelviolett
Pflege: Frühjahrspflanzung empfohlen, Rückschnitt nach der Blüte erhöht die Vitalität

Arten/Sorten: 'Mira': 40 cm, Juli–Sept., blauviolett; 'Silbersee': 60 cm, Juli–Sept., silbrig-violett

► **Skabiosen-Flockenblume**
Centaurea scabiosa

Standort: ☼ Fr 1–2, GR 1–2
Höhe/Wuchs: 70 cm, horstig, aufrecht

Blüte: Juli–Aug., purpurviolett
Pflege: Rückschnitt abgeblühter Stiele über der Blattrosette

Arten/Sorten: –

◄ **Karthäuser-Nelke**
Dianthus carthusianorum

Standort: ☼ Fr 1
Höhe/Wuchs: 40 cm, kompakt

Blüte: Juni–Sept., purpurrot
Pflege: bodennaher Rückschnitt nach 1. Blüte regt eine 2. Blühphase an

Arten/Sorten: –

► **Küchenschelle**
Pulsatilla vulgaris

Standort: ☼ Fr 1
Höhe/Wuchs: 20 cm, horstig, kompakt

Blüte: März–April, violett
Pflege: Selbstaussaat vermeiden durch Rückschnitt vor der Samenreife

Arten/Sorten: 'Alba': 20 cm, weiß

◄ **Großblütige Königskerze**
Verbascum densiflorum

Standort: ☼ Fr 1
Höhe/Wuchs: 150 cm, straff aufrecht, zweijährig

Blüte: Juli–Aug., zitronengelb
Pflege: versamt sich stark, abgeblühte Blütenstände rechtzeitig abschneiden

Arten/Sorten: *Verbascum nigrum* 'Album', Dunkle Königskerze: 100 cm, weiß mit roter Mitte

Blühkalender: Wildblumenbeet

Nr.	Botanischer Name	Deutscher Name	Höhe (cm)	I	II	III	IV	V	VI	VII	VIII	IX	X	XI	XII	Pflanzabstand (cm)	Pflanzen/qm
	Stauden																
⑥	*Achillea millefolium*	Wiesenschafgarbe	40													40	6
③	*Anthemis tinctoria* 'Dwarf Form'	Färberkamille	40													40	6
②	*Aster amellus* 'Veilchenkönigin'	Sommer-Aster	50													40	6
	Calamintha nepeta 'Triumphator'	Steinquendel	35													35	8
⑤	*Centaurea scabiosa*	Skabiosen-Flockenblume	80													40	5
④	*Dianthus carthusianorum*	Karthäuser-Nelke	40													30	11
⑨	*Echinops sphaerocephalus* 'Arctic Glow'	Weiße Kugeldistel (▶ Seite 168)	80													70	2
⑦	*Pulsatilla vulgaris*	Küchenschelle	20													30	11
	Origanum vulgare	Gewöhnlicher Dost	50													30	11
⑩	*Salvia pratensis*	Wiesen-Salbei (▶ Seite 172)	50													50	4
	Scabiosa ochroleuca	Gelbe Skabiose	70													35	8
①	*Verbascum densiflorum*	Großblütige Königskerze	150													100	1
	Gräser																
	Briza media	Herz-Zittergras	30													35	8
	Gehölze																
⑧	*Rosa gallica* 'Officinalis'	Apothekerrose (▶ Seite 171)	120													100	2
	Zwiebelpflanzen																
	Muscari botryoides	Perlhyazinthe	15													5	300
	Narcissus pseudonarcissus ssp. *lobularis*	Wildnarzisse (▶ Seite 170)	20													10	100

Modulpflanzen   Ergänzungspflanzen

Kiesbeete Modul 3

Wildblumenbeet – heimische Blütenschätze zwanglos kombiniert

In der Palette heimischer Wildstauden gibt es viele aparte Blütengeschöpfe, die sehr gut in das Gestaltungsthema Kiesbeete passen. Wildstauden in bunter Mischung sind hier zwanglos kombiniert. Vagabunden, die durchs Beet streifen und mal hier, mal dort auftauchen, sind erwünscht. So ist das Modul auch eher als Startpaket zu sehen, aus dem sich unter Ihren lenkenden Händen eine sich ständig wandelnde Pflanzengemeinschaft entwickelt. Ab Februar leiten die gelben Trompeten der Wildnarzissen (*Narcissus pseudonarcissus* ssp. *lobularis*) und die violetten Blütenschalen der Küchenschelle (*Pulsatilla vulgaris*, Nr. 7) den Frühling ein. Aus dekorativen Gründen sind auch einige gezüchtete Sorten heimischer Arten zugelassen, z. B. die Sommer-Aster 'Veilchenkönigin' (*Aster amellus*, Nr. 2), die vom Hochsommer bis in den Herbst violette Blütentupfer ins Beet setzt. Die stattliche Königskerze (*Verbascum densiflorum*, Nr. 1) ist im Hochsommer das dominierende Moment. Im Frühsommer ergibt sich mit der violetten Skabiosen-Flockenblume (*Centaurea scabiosa*, Nr. 5), den gelben Margeritenblüten der Färberkamille 'Dwarf Form' (*Anthemis tinctoria*, Nr. 3) und der Karthäuser-Nelke (*Dianthus carthusianorum*, Nr. 4) in leuchtendem Magenta ein harmonischer Farbdreiklang. Begleitet von den weißen Blütendolden der Wiesenschafgarbe (*Achillea millefolium*, Nr. 6) hält er bis in den Herbst hinein an. Ihre Aufgabe beim Naturgärtnern besteht darin, nicht gewünschte Sämlinge zu entfernen und verblühte Blütenstände rechtzeitig abzuschneiden.

Anpassen und variieren

Dieses Modul lässt sich gut in eine größere Kies- oder Schotterfläche einfügen. Die Pflanzen haben dann genügend Raum, sich auszubreiten, sodass nach und nach ein größeres Wildblumenbeet entsteht. Erweitern oder variieren Sie die Pflanzenpalette mit Arten und Sorten der Ergänzungpflanzen, und lassen Sie der Natur dann ihren Lauf.
Dank seiner ovalen Form lässt sich das Modul auch zu einer beliebig großen, organischen Form erweitern. Die Stauden unter den Ergänzungpflanzen werden in kleinen Gruppen oder einzeln mit 40–50 cm Abstand auf der Erweiterungsfläche verteilt. Solitärpflanzen wie die Apothekerrose (*Rosa gallica* 'Officinalis') oder sich stark versamende Stauden verwendet man lieber einzeln.
Der von Juli bis Oktober in zartem Violett blühende Steinquendel 'Triumphator' (*Calamintha nepeta*) ist ein sich nicht versamender Dauerblüher, der mit nach Minze duftendem Laub betört. Sein Gegenspieler, die imposante Kugeldistel 'Arctic Glow' (*Echinops sphaerocephalus*), kann mit ihren weißen, kugelförmigen Blütenständen auch eine Variante für die Königskerze sein. Liebhaber von Gräsern können das Zittergras (*Briza media*) in kleinen Gruppen zwischen die Stauden setzen.
Der Pflanzplan auf Seite 82–83 zeigt, wie mit den Ergänzungspflanzen ein Inselbeet mit ganz neuen Farb- und Blühaspekten entsteht.

Zwiebelpflanzen ergänzen

Die zierliche Perlhyazinthe (*Muscari botryoides*) blüht in leuchtendem Blau von April bis in den Mai hinein. Sie wirkt in kleinen Gruppen von 5–10 Zwiebeln am schönsten.

Lebensbereich:
trockene Freifläche (Fr 1)

UNTEN Die purpurvioletten Blüten der Skabiosen-Flockenblume sind hier in spannungsvollem Kontrast mit den zarten Blütenständen des Zittergrases verwoben.

Beet-Variante mit Modul 3: Wildblumenbeet

Das Inselbeet-Modul wird mit verschiedenen Ergänzungspflanzen variiert und vergrößert

Das kleine ovale Inselbeet wird durch drei neue Ergänzungspflanzen verändert und damit zu einem großen Inselbeet mit einem völlig neuen Charakter erweitert. Das Beet ist oval und hat nun eine Größe von 2,5 × 1,6 m. Es kann für sich allein oder in einer Gruppe von Inselbeeten mit dem ursprünglichen Kiesbeet-Modul 3 als Pendant verwendet werden.

Rosenfans drücken schnell ein Auge zu, wenn sie die wundervoll duftende Apothekerrose *Rosa gallica* 'Officinalis' (Nr. 8) in diesem Beet entdecken. Diese naturnahe Gartenrose gehört zwar nicht zu unseren heimischen Rosen, passt aber perfekt ins Bild und bleibt recht klein und kompakt. Sie wurde als Ersatz für die vagabundierende Königskerze (*Verbascum densiflorum*, Nr. 1) ausgewählt und blüht von Juni bis Juli in einem aufregenden Karminrot. Da sie etwas anspruchsvoller ist, wird an der entsprechenden Stelle in der Schotterfläche ein mit nahrhafter Erde aufgefülltes Beetabteil für sie vorbereitet.

Der blauviolett blühende Wiesensalbei (*Salvia pratensis*, Nr. 10) ist ein wahrer Insektenmagnet und kommt als Ersatz für die Färberkamille 'Dwarf Form' (*Anthemis tinctoria*, Nr. 3) ins Beet. Auch die Weiße Kugeldistel 'Arctic Glow' (*Echinops sphaerocephalus*, Nr. 9) hat einiges zu bieten. Ihre weißen Kugelblüten sind begehrte Landeplätze bei Schmetterlingen. Außerdem bilden sie zusammen mit dem silbrigen Laub einen schönen Kontrast zu den rot überhauchten Stängeln. Die Pflanze ist ein stimmungsvoller Ersatz für die Sommer-Aster 'Veilchenkönigin' *(Aster amellus, Nr. 2)*. In diesem lebendigen, farbenfrohen Naturbeet gibt es immer etwas zu beobachten und zu bestaunen. Viele Stauden in diesem Beet, wie der Wiesen-Salbei oder die Skabiosen-Flockenblume, sind willkommene Insektenweiden und werden gern von Bienen und Hummeln angeflogen. Dieses Beet wird Sie bestimmt immer wieder magisch in den Garten ziehen, um die Natur im Lauf der Jahreszeiten zu genießen.

UNTEN Dieses stimmungsvolle Wildblumenbeet ist nicht nur ein willkommenes Geschenk für die Seele, auch viele Insekten werden es als Futterquelle freudig in Besitz nehmen.

Beet-Variante mit Modul 3: Wildblumenbeet

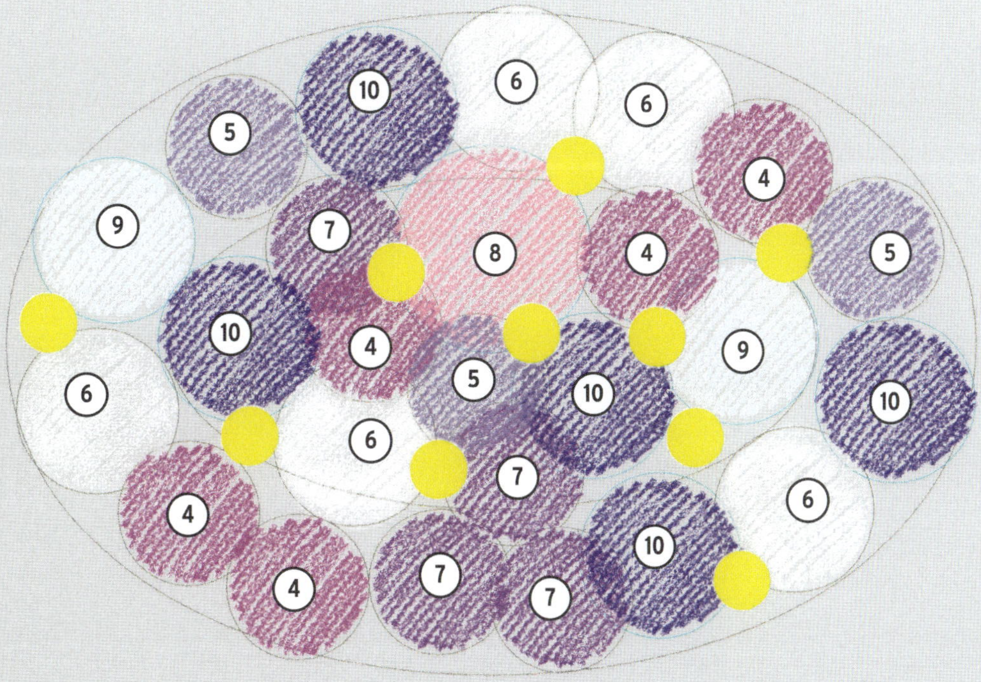

Einkaufsliste
Modulpflanzen

④ *Dianthus carthusianorum* (5)
⑤ *Centaurea scabiosa* (3)
⑥ *Achillea millefolium* (5)
⑦ *Pulsatilla vulgaris* (4)

Ergänzungspflanzen

⑧ *Rosa gallica* 'Officinalis' (1)
⑨ *Echinops spaerocephalus* 'Arctic Glow' (2)
⑩ *Salvia pratensis* (5)

Zwiebelpflanzen

● je 3 *Narcissus pseudonarcissus* ssp. *lobularis (30)*

Schattenbeete - Zauber im Verborgenen

Schattige Standorte im Garten gelten oft als schwierig zu gestalten und wenig attraktiv. Doch das sind sie ganz und gar nicht. Haben Sie im Frühsommer vielleicht schon einmal erlebt, wie wundervoll es ist, wenn unsere heimische Mondviole *(Lunaria rediviva)* im Schatten von Gehölzen zur Abendstunde ihre zarten hellvioletten Blüten öffnet und Sie mit ihrem betörenden Duft verwöhnt? Mit den richtigen Arten und -sorten werden Sie rasch von der Vielfalt der Pflanzenwelt und den zarten Blütenschönheiten verzaubert sein, die uns die Natur selbst in tiefem Schatten zu schenken vermag.

Schattige Bereiche bringen Abwechslung in den Garten und eröffnen oft ungeahnte Möglichkeiten zur Gestaltung. Sie können überaus vielfältig und attraktiv mit Stauden der Lebensbereiche Gehölz (G) und Gehölzrand (GR) bepflanzt werden.

VIELLEICHT HABEN SIE BEIM ANBLICK eines mit Efeu und Unkraut überwucherten oder sogar gänzlich kahlen, schattigen Gartenteils unter einem großen Baum gedacht, dass hier nichts Rechtes gedeihen kann. Doch man muss die Natur nur etwas »an die Hand« nehmen und die Wünsche und Eigenarten der Pflanzen eines vom Schatten geprägten Lebensbereichs kennenlernen, um auch hier pflegeleichte Gartenbilder ganz im Sinne des »New German Style« entstehen zu lassen. Wer seinen Blick für die Feinheiten schärfen kann, wird erstaunt sein, was alles möglich ist.

Charakter

Das stetig wachsende Blätterdach von Bäumen und Sträuchern, aber auch Gebäude sorgen in unseren Gärten für ganz unterschiedliche Schattensituationen und bestimmen den Wechsel von Licht und Schatten im Tageslauf.
Auch die Bodenbeschaffenheit und Wurzelkonkurrenz durch größere Gehölze prägen entscheidend den Charakter einer Schattenpflanzung. Je größer und prächtiger das Laub, desto feuchter möchte die Pflanze stehen, und je weniger Feuchtigkeit im Boden ist, desto mehr Schatten wird gewünscht. Standortgerecht bepflanzte Schattenbereiche im Garten wirken allein schon durch die vielfältigen Grüntöne und Kombinationen unterschiedlicher Blattformen und Texturen von Farnen und Schattengräsern. Doch auch auf schöne Blüten müssen Sie hier keinesfalls verzichten. Die vielfältige Palette der Blütenstauden reicht von den zarten Blüten der Elfenblume *(Epimedium)* bis hin zu den imposanten Blütenständen der Silberkerzen *(Cimicifuga)* oder den munteren Blütenschalen der Herbstanemone *(Anemone japonica)*.
Nicht zu trockene Gartenbereiche im Halbschatten bieten nahezu unerschöpfliche Möglichkeiten für eine vielfältige Bepflanzung mit Stauden und kleineren Gehölzen. Hier gedeihen prächtige Blüten- und Blattschmuckstauden, die sich zu wunderschönen, farbenreichen Pflanzenbildern kombinieren lassen. Doch auch für trockene, stark durchwurzelte Bereiche im Dauerschatten gibt es anspruchslose und ausdauernde Pflanzen, mit denen sich solche »Problemstandorte« wirkungsvoll begrünen lassen.

Integrationsmöglichkeiten in den Garten

Schattige Bereiche – und sei es die Nord- oder Nordostseite des Hauses oder einer Garage – gibt es in jedem Garten. Vielleicht sind Sie ja auch in der glücklichen Lage, alten Baumbestand auf Ihrem Grundstück zu haben. Dann lassen sich die Beet-Module, in der gewünschten Größe und Form angepasst, malerisch davor oder darum herum platzieren. Oft müssen aber auf sonnigen Neubaugrundstücken erst schattige Bereiche durch die Anpflanzung von Gehölzen geschaffen werden. Bis diese Bäume und Sträucher so groß sind, dass sie ausreichend Schatten werfen, vergehen oft einige Jahre. In diesem Fall ist zunächst eine Unterpflanzung mit Stauden für den sonnigen Gehölzrand, wie Blut-Storchschnabel *(Geranium sanguineum)* oder Purpurglöckchen *(Heuchera)*, sinnvoll. Mit zunehmendem Schatten können nach und nach andere Schattenstauden dazugesetzt werden.
Bei der Auswahl geeigneter Schattenstandorte sollten Sie immer den Blick aus dem Haus und von der Terrasse in den Garten mit berücksichtigen: Ein stimmungsvoll bepflanztes Schattenbeet hat im Verlauf des Jahres einiges zu bieten und ist immer wieder ein beglückender Anblick. Aber es hat auch seinen Reiz, zu verborgenen Stellen in den Garten gelockt zu werden, und immer wieder Überraschungen im Beet zu entdecken.
Um repräsentative Beete z. B. im Eingangsbereich oder vor einer schattigen Terrasse zu schaffen, können die Beet-Module mit formal zu Kugeln oder Quadern geschnittenen immergrünen Gehölzen wie Eibe *(Taxus)* oder Löffel-Ilex *(Ilex crenata)* kombiniert werden.

Standortbedingungen

In der standortgerechten Pflanzenverwendung werden die unterschiedlichen Schattensituationen den Lebensbereichen trockener bis feuchter Gehölzrand (GR 1–3) bzw. Gehölz (G 1–3) zugeordnet (▶ Seite 15). Wichtigste Voraussetzung ist natürlich ein halbschattiger bis schattiger Standort, wobei Mittagssonne möglichst vermieden werden sollte. Frische bis feuchte Böden sind ideal und erweitern die zur Verfügung stehende

OBEN Die purpurrosa Blütenfackeln der Prachtspiere 'Purpurlanze' blühen im Hochsommer am halbschattigen Gehölzrand in farblicher Harmonie mit den kleinen Blütenköpfen der Sterndolde um die Wette.

OBEN Diese stimmige Kombination aus Blattschmuckstauden für den feuchten, halbschattigen Gehölzrand überzeugt durch die unterschiedlichen Laubformen von Trichterfarn, Funkie und Schaublatt.

Pflanzenpalette. Die meisten Schattenstauden benötigen entsprechend ihres Naturstandorts einen humusreichen, lockeren Boden, der nährstoffreich und leicht kalkhaltig sein sollte.

Gestaltungsprinzipien und Hinweise zur Planung

Frühlingsblüher für schattige Bereiche, die nach der Blüte ihr Laub einziehen wie das Hasenglöckchen *(Hyacinthoides non-scripta)*, der Winterling *(Eranthis hyemalis)* oder das Buschwindröschen *(Anemone nemorosa)*, sind ideale Begleiter von Waldstauden. Sie können zwanglos in kleinen Gruppen zwischen Stauden und Farne gesetzt werden und blühen, bevor das Blätterdach der Gehölze Schatten wirft und die anderen Pflanzen das Beet mit ihrem Laub bedecken.
Vermeiden Sie es, Bäume mit schwer verrottendem Laub wie Walnuss und Eiche sowie extrem breit bzw. flach wurzelnde Gehölze wie Birken zu unterpflanzen. Die Stauden haben es hier schwer, sich optimal zu entwickeln. Größere schön blühende Solitärgehölze mit prächtiger Herbstfärbung wie Blumenhartriegel *(Cornus kousa)* oder Zaubernuss *(Hamamelis)* sind dagegen ideal für eine Unterpflanzung im lichten Schatten.
Gehölze, die bis zum Boden dicht belaubt sind, lassen sich nach einer sogenannten Aufastung, bei der die unteren Zweige abgeschnitten werden, besser unterpflanzen. Die am Boden wachsenden Pflanzen haben so mehr Licht und Luft und kommen viel besser zur Geltung.
Bei älteren eingewachsenen Bäumen und Sträuchern sollten Sie einen möglichst großen Abstand zum Stamm einhalten, dann sind die Bodenverhältnisse für die Stauden günstiger.
Durchschnittlich reichen ca. fünf bis acht Pflanzen pro Quadratmeter aus. Große Funkien *(Hosta)*, stattliche Farne wie der Goldschuppenfarn *(Dryopteris affinis)* und ornamentale Blattschmuckstauden wie das Schaublatt *(Rodgersia)* benötigen allerdings sehr viel Platz, sodass sich die Anzahl Pflanzen pro Quadratmeter erheblich verringern kann. Winzige Vertreter wie Haselwurz *(Asarum)* oder Leberblümchen *(Hepatica)* eignen sich mit ihrem attraktiven, glänzenden Laub vorzüglich als Bodendecker. Dazu sollten sie großflächig in Gruppen von mindestens fünf bis zehn Exemplaren gepflanzt werden.

Bodenvorbereitung

Schattenbeete sind Waldstaudenpflanzungen, die für ein optimales Wachstum einen reifen Humusboden benötigen, der sich über Jahre aus dem abgefallenen Laub der Gehölze entwickelt hat. Auch wenn Sie bereits eingewachsene, ältere Gehölzbestände in Ihrem Garten haben, sollte der Boden doch sorgfältig für die Neuanpflanzung vorbereitet werden.
Beginnen Sie mit der gründlichen Entfernung aller Dauerunkräuter (▶ Seite 34). Manchmal ist der Boden schon recht stark durchwurzelt und lässt sich kaum umgraben und lockern. Um den Waldstauden in solchen Bereichen den Start zu erleichtern, können Sie eine 20–30 cm dicke Schicht vorbereiteten, guten Kompostboden aufbringen.
Ein humusreicher Boden hat eine dunkelbraune bis schwarze Farbe und eine lockere, krümelige Konsistenz. Bei einer Gartenneuanlage ist der Boden jedoch meist humusarm und muss daher

vor der Pflanzung mit größeren Mengen Kompost und Laubhumus angereichert werden.
Schwere, undurchlässige Lehmböden gräbt man dazu mit dem Spaten tiefgründig um und lockert sie durch Einarbeiten von gewaschenem, grobem Sand auf. Anschließend wird Kompost oder Laubhumus, also Kompost aus verrottetem Laub, untergemischt. Das Mischungsverhältnis sollte bei mindestens zwei Teilen Kompost zu einem Teil aufgelockertem Boden liegen. Zusätzlich kann organischer Dünger nach Herstellerangaben untergemischt werden.
Ist der Boden in bestimmten Bereichen für eine Bepflanzung jedoch gänzlich ungeeignet, können Sie eine dicke Schicht aus feinem Rindenkorn aufbringen und hier einen großen, attraktiv bepflanzten Kübel aufstellen.

Pflanzung

Setzen Sie die Pflanzen möglichst im zeitigen Frühjahr ab Anfang April bis Ende Mai in die Erde oder, falls nicht anders möglich, im Frühherbst, also ab Anfang September bis Oktober (▶ Seite 34–35). Farne sollten nur im Frühling gepflanzt werden, damit sie den kommenden Winter gut überstehen. Nach der Pflanzung können Sie eine 5–8 cm dicke Schicht aus organischem Mulch wie Kompost oder feinem Rindenkorn aufbringen.

Pflege übers Jahr

Wenn man passende Stauden für die unterschiedlichen Ausprägungen der Lebensbereiche Gehölzrand (GR) und Gehölz (G) auswählt, entstehen dankbare, ausdauernde und relativ pflegeleichte Bepflanzungen. Von entscheidender Bedeutung ist die Bodenfeuchte. Falls bei längeren Hitzeperioden die Stauden beginnen schlappzumachen sollten Sie rechtzeitig wässern, bevor das Laub Trockenschäden zeigt und nicht mehr attraktiv aussieht. Hat sich nach zwei bis drei Jahren eine geschlossene Vegetationsdecke gebildet, müssen Sie nur gelegentlich Unkräuter und, falls nötig, aufkommende Sämlinge entfernen, um so das gewünschte Gleichgewicht in der Pflanzung zu erhalten. Pflanzen, die sich stark versamen, hält man in Schach, indem man bei Bedarf die verblühten Blütenstände rechtzeitig abschneidet.

Im zeitigen Frühjahr, von Ende Februar bis Ende März, sollten alle abgestorbenen Stauden bis kurz über dem Boden zurückgeschnitten werden. Immergrüne Gräser und Farne werden ausgeputzt, indem vertrocknete und unansehnliche Blätter und Wedel ausgeharkt oder abgeschnitten werden. Entfernen Sie auch zu dicke Laubschichten benachbarter Gehölze aus dem vergangenen Herbst rechtzeitig vom Beet, denn sie können den Neuaustrieb der Farne, Gräser und Stauden behindern und machen es auch den Frühlingsblühern schwer, ans Licht zu kommen.
Nachdem das Beet gesäubert und freigeräumt ist, bietet sich eine gute Gelegenheit, eine Schicht Kompost um die Pflanzen zu verteilen und etwas organischen Dünger oberflächlich einzuharken.

UNTEN Im Halbschatten von Sträuchern fühlt sich die Akelei wie zu Hause. Sie samt sich reichlich aus und zieht so vagabundierend durch den Garten.

RECHTS Das Schaublatt ist eine imposante Blattschmuckstaude für halbschattige, möglichst feuchte Gehölzränder. In Kombination mit Blütenstauden, wie hier der Prachtspiere, entstehen ausdrucksstarke Pflanzenbilder von einzigartiger Schönheit.

Schattenbeete Modul 1: Lichter Schatten

»Lichter Schatten« ist ein bezauberndes Beet-Modul, das Ihnen über viele Jahre Freude bereiten wird. Es besteht aus attraktiven, dankbaren und sehr langlebigen Schattenstauden, die treu an ihrem Platz bleiben und mit der Zeit immer prächtiger werden.

STANDORT:
halbschattig, Morgen- oder Abendsonne, möglichstkeine volle Sonne in der Mittagszeit

BODEN:
frisch bis feucht, locker, humus- und nährstoffreich

MASSE:
0,8 × 1,2 m

Einkaufsliste

① *Davidia involucrata* var. *vilmoriniana* (1)
② *Hosta* 'Diana Remembered' (2)
③ *Cimicifuga racemosa* (1)
④ *Astilbe chinensis* var. *taquetii* 'Purpurlanze' (1)
⑤ *Polygonatum*-Hybride 'Striatum' (1)
⑥ *Brunnera macrophylla* 'Dawson's White' (2)
⑦ *Cimicifuga simplex* 'White Pearl' (1)

● je 3 *Anemone blanda* 'White Splendour'

Pflanzplan im Maßstab 1:20

Modulpflanzen im Porträt

◄ Prachtspiere
Astilbe chinensis var. *taquetii* 'Purpurlanze'

Standort: ◐ ●
GR 2, G 2, B 2
Höhe/Wuchs: 100 cm, straff aufrecht, kurze Ausläufer

Blüte: Juli–Aug., purpurrosa
Pflege: bei andauernder Trockenheit gießen

Arten/Sorten: *Astilbe Japonica*-Hybride 'Europa': 40 cm, Juni–Juli, hellrosa

► Weißbuntes Kaukasus-Vergissmeinnicht
Brunnera macrophylla 'Dawson's White'

Standort: ◐
GR 2, B 2
Höhe/Wuchs: 40 cm, horstig, buschig

Blüte: April–Juni, mittelblau
Pflege: kompletter Rückschnitt nach der Blüte für Neuaustrieb, versamt sich sonst

Arten/Sorten: 'Betty Bowring': 40 cm, reinweiß; 'Mr. Morse': 40 cm, weiß, silberweißes Laub

◄ Juli-Silberkerze
Cimicifuga racemosa

Standort: ◐
G 2, GR 2
Höhe/Wuchs: 180 cm, horstig, straff aufrecht

Blüte: Juli–Aug., cremeweiß
Pflege: bei andauernder Trockenheit gießen

Arten/Sorten: *Cimicifuga racemosa* var. *Cordifolia*: 180 cm, Aug.–Sept., cremeweiß

► Oktober-Silberkerze
Cimicifuga simplex 'White Pearl'

Standort: ◐
G 2, GR 2
Höhe/Wuchs: 120 cm, horstig, straff aufrecht

Blüte: Okt.–Nov., reinweiß
Pflege: bei andauernder Trockenheit gießen

Arten/Sorten: –

◄ Taschentuchbaum
Davidia involucrata var. *vilmoriniana*

Standort: ☼ ◐
Höhe/Wuchs: 8 m, kleiner Baum

Blüte: Mai–Juni, sehr große weiße Hochblätter
Pflege: –

Arten/Sorten: –

► Funkie
Hosta 'Diana Remembered'

Standort: ◐
G 2, GR 2
Höhe/Wuchs: 50 cm, horstig, kompakt

Blüte: Juli–Aug., reinweiß, duftend
Pflege: ab Frühjahr regelmäßig Schneckenkorn ausbringen

Arten/Sorten: 'Fire and Ice': 40 cm, lavendel, weißes Laub mir grünem Rand; ',Fragrant Dream': 60 cm, Juni–Juli, weiß, duftend

◄ Gestreiftes Salomonsiegel
Polygonatum-Hybride 'Striatum'

Standort: ◐ ●
G 2, GR 2
Höhe/Wuchs: 40 cm, vieltriebig, bogenförmig

Blüte: Mai–Juni, weiß
Pflege: vor Schneckenfraß schützen

Arten/Sorten: *P. odoratum* var. *pluriflorum* 'Variegatum': 40 cm, weiß, duftend, weiß gerandetes Laub

Blühkalender: Lichter Schatten

Nr.	Botanischer Name	Deutscher Name	Höhe (cm)	I	II	III	IV	V	VI	VII	VIII	IX	X	XI	XII	Pflanzabstand (cm)	Pflanzen/qm
	Stauden																
⑩	*Aconitum carmichaelii* 'Arendsii'	Herbst-Eisenhut (▶ Seite 159)	140													40	6
⑨	*Anemone Japonica*-Hybride 'Bressingham Glow'	Japanische Herbstanemone (▶ Seite 166)	100													45	4
④	*Astilbe chinensis* var. *taquetii* 'Purpurlanze'	Prachtspiere	100													40	6
⑥	*Brunnera macrophylla* 'Dawson's White'	Weißbuntes Kaukasus-Vergissmeinnicht	30													35	8
③	*Cimicifuga racemosa*	Juli-Silberkerze	180													70	2
⑦	*Cimicifuga simplex* 'White Pearl'	Oktober-Silberkerze	120													70	2
	Digitalis purpurea 'Snow Thimble'	Fingerhut	120													40	6
②	*Hosta* 'Diana Remembered'	Funkie	50													50	4
	Kirengeshoma palmata	Wachsglocke	120													60	2
⑤	*Polygonatum*-Hybride 'Striatum'	Gestreiftes Salomonsiegel	40													25	16
	Gehölze																
①	*Davidia involucrata* var. *vilmoriniana*	Taschentuchbaum	800														
⑧	*Hydrangea arborescens* 'Incrediball'	Ball-Hortensie (▶ Seite 169)	150														
	Zwiebelpflanzen																
	Anemone blanda 'White Splendour'	Weiße Frühlingsanemone (▶ Seite 165)	15													10	20
	Galanthus nivalis	Schneeglöckchen (▶ Seite 169)	15													5	100
	Narcissus 'February Silver'	Narzisse	25													5	100

Modulpflanzen   Ergänzungspflanzen

Schattenbeete Modul 1

Lichter Schatten

Dieses elegante Beet-Modul steht unter dem Motto »Lichter Schatten – weiße Töne peppig aufgemischt« und ist auch in den Abendstunden ein Hingucker. Dann leuchten die weißen Blüten imposanter Schattenstauden im perfekten Zusammenspiel mit weiß und cremegelb gezeichneten Blattformen unter dem Laubdach des exklusiven Taschentuchbaums (*Davidia involucrata*, Nr. 1). Dieses seltene Gehölz schmückt seine unscheinbaren Blütenknöpfchen mit großen weißen Hochblättern, die wie Taschentücher im Baum flattern. Für den besonderen Pfiff sorgen einzeln eingestreute Stauden mit leuchtenden Blütenfarben in Pink oder Blau. Die Weiße Frühlingsanemone 'White Splendour' *(Anemone blanda)* leitet im März das Gartenjahr ein. Das Salomonsiegel 'Striatum' (*Polygonatum*-Hybride, Nr. 5) verzaubert im Mai und Juni mit Blütenglöckchen, die wie an einer Perlenkette aufgereiht über dem weiß gestreiften Laub hängen. Das Kaukasus-Vergissmeinnicht 'Dawson's White' (*Brunnera macrophylla*, Nr. 6) blüht im Frühling in zartem Hellblau, darf aber auch ins Beet, weil es wundervolle, weiß gezeichnete Blätter hat – eine Zierde für jedes Schattenbeet. Auch die Funkie 'Diana Remembered' (*Hosta*, Nr. 2) glänzt mit weiß geränderten großen Blättern. Ihr Highlight sind aber die großen weißen Blüten, die im Hochsommer besonders in den Abend- und Morgenstunden einen angenehmen Duft verströmen. Die eindrucksvollen, eleganten Blütenstände der Juli-Silberkerze (*Cimicifuga racemosa*, Nr. 3) schimmern in Cremeweiß in der obersten Beetetage und die Prachtspiere 'Purpurlanze' (*Astilbe chinensis* var. *taquetii*, Nr. 4) setzt in leuchtendem Magenta das Glanzlicht dazu. Die Oktober-Silberkerze 'White Pearl' (*Cimicifuga simplex*, Nr, 7) führt zum Ausklang des Gartenjahres den Blütenreigen mit weißen, duftenden Blütenähren bis in den November fort.

Anpassen und variieren

Sollten Sie bereits ein schönes Blütengehölz im Garten haben, können Sie das Modul ohne den Taschentuchbaum darunter platzieren.

Das Beet-Modul lässt sich durch die weiße Ball-Hortensie 'Incrediball' *(Hydrangea arborescens)* erweitern. Man setzt sie einzeln oder in Gruppen als malerischen Hintergrund hinter oder neben die höheren Stauden. Möchten Sie das Modul mehrfach aneinandersetzen, kann die Ball-Hortensie als verbindendes Element zwischen den Modulen stehen. Wer für den Spätherbst einen Begleiter der Oktober-Silberkerze sucht, pflanzt ihr den Herbst-Eisenhut 'Arendsii' *(Aconitum carmichaelii)* zur Seite. Liebhabern peppiger Magentatöne wird die Herbstanemone 'Bressingham Glow' (*Anemone japonica*-Hybride) gefallen. Wie das aussieht, zeigt der Pflanzplan auf den Seiten 94–95.
Als Ergänzung eignen sich auch Vagabunden wie der weiß blühende Fingerhut 'Snow Thimble' *(Digitalis purpurea)* sowie die Wachsglocke *(Kirengeshoma palmata)* mit zartgelben Blütenglocken.

Zwiebelpflanzen ergänzen

Das beliebte Schneeglöckchen *(Galanthus nivalis)* ist eine schöne Ergänzung und sollte in Tuffs aus mindestens 5 Zwiebeln ins Beet gesetzt werden, ebenso die Narzisse 'February Silver' *(Narcissus)*.

Lebensbereich:
frischer bis feuchter Gehölzrand (GR 2–3)

UNTEN Die weißen und dunkelvioletten Prachtspieren, aber auch andere Schattenstauden in diesem Beet vertragen mehr Sonne, da sie an einem feuchten Standort stehen.

Beet-Variante mit Modul 1: Lichter Schatten

Das Beet-Modul wurde in der Größe individuell angepasst.

Dieser Bepflanzungsvorschlag für ein organisch geschwungenes, 1,6 × 3,7 m großes Beet überzeugt durch eine gewisse elegante Schlichtheit und bringt mit leuchtenden weißen Blüten- und Blattfarben Licht in halbschattige Gartenbereiche. Das Beet-Modul wurde doppelt verwendet und mit einem Abstand von 0,8 m nebeneinandergesetzt. Von den Ergänzungspflanzen kommt die Ball-Hortensie 'Incrediball' (*Hydrangea arborescens*, Nr.8) dazu. Sie wird in die freie Beetfläche zwischen die Module gesetzt und verbindet beide aufs Schönste. Um diese Ball-Hortensie noch besser einzubinden, wird das Kaukasus-Vergissmeinnicht 'Dawson's White' (*Brunnera macrophylla*, Nr. 6) im Beetvordergrund zu einer größeren Gruppe erweitert und im seitlichen Beetbereich wiederholt. Auch die imposante Juli-Silberkerze (*Cimicifuga racemosa*, Nr. 3), die elegante Funkie 'Diana Remembered' (*Hosta*, Nr. 2) mit duftenden weißen Blüten und weiß gerandetem Laub sowie die Prachtspiere 'Purpurlanze' (*Astilbe chinensis* var. *taquetii*, Nr. 4) mit beeindruckenden Blütenfackeln in leuchtendem Magenta werden zur Erweiterung des Beets mehrfach verwendet. Der im Spätherbst in leuchtendem Blau blühende Eisenhut 'Arendsii' (*Aconitum carmichaelii*, Nr. 10) und die Japanische Herbstanemone 'Bressingham Glow' (*Anemone Japonica*-Hybride, Nr. 9) mit anmutigen, halbgefüllten Schalenblüten in Purpurrosa wurden neu aufgenommen und funkeln wie Edelsteine im Beet. Kleine Sträuße von je 10 Schneeglöckchen *(Galanthus nivalis)* werden locker zwischen die Stauden gesetzt und leiten schon im Februar das Blütenjahr ein. Da bei diesem Beetvorschlag die Höhenstaffelung so angelegt ist, dass im hinteren Beet viele hohe Stauden stehen, sollten Sie das Beet mit ausreichendem Abstand vor einen ruhigen Hintergrund platzieren. Eine immergrüne, formale Eibenhecke oder eine Hauswand in halbschattiger Lage wäre ideal.

Tipps und Tricks zur Pflege

Die Hortensie 'Incrediball' wird im Frühjahr bis auf 20 cm über dem Boden zurückgeschnitten. Sie treibt anschließend sehr schnell aus der Basis neu aus und blüht im Sommer umso schöner. Sie liebt feuchte Böden und sollte im Sommer bei anhaltender Trockenheit unbedingt gegossen werden. Die Silberkerzen brauchen nur in den ersten Jahren, wenn der Taschentuchbaum noch wenig Schatten wirft, bei sonniger und heißer Witterung eine regelmäßige Wassergabe. Das Kaukasus-Vergissmeinnicht können Sie nach der Blüte oder wenn es durch Trockenperioden unansehnlich geworden ist, stark zurückschneiden. Es treibt anschließend willig mit frischem Laub wieder aus.

UNTEN Der Taschentuchbaum erfreut im Spätsommer leider nicht mehr mit seinen Blüten. Dafür sorgen aber die Stauden zusammen mit den Blütenbällen der Hortensie für einen neuen, beeindruckenden Blühhöhepunkt.

Beet-Variante mit Modul 1: Lichter Schatten

Einkaufsliste
Modulpflanzen

① *Davidia involucrata* var. *vilmoriniana* (1)
② *Hosta* 'Diana Remembered' (5)
③ *Cimicifuga racemosa* (2)
④ *Astilbe chinensis* var. *taquetii* 'Purpurlanze' (3)
⑤ *Polygonatum*-Hybride 'Striatum' (2)
⑥ *Brunnera macrophylla* 'Dawson's White' (11)
⑦ *Cimicifuga simplex* 'White Pearl' (3)

Zwiebelpflanzen

● je 3 *Anemone blanda* 'White Splendour' (36)

Ergänzungspflanzen

⑧ *Hydrangea arborescens*-Hybride 'Incrediball' (1)
⑨ *Anemone Japonica*-Hybride 'Bressingham Glow' (2)
⑩ *Aconitum carmichaelii* 'Arendsii' (2)

Zwiebelpflanzen

● je 10 *Galanthus nivalis* (110)

Schattenbeete Modul 2: Prachtblüten im trockenen Schatten

In dem Beet-Modul »Trockener Schatten« zeigt die Natur, was sie kann, und lässt trockene, dunkle Bereiche unter Bäumen wie von Zauberhand erblühen. Der Blütenreigen beginnt bereits im April und reicht weit bis in den Herbst hinein. Sie werden staunen und sich lange daran erfreuen.

STANDORT:
halbschattig bis schattig

BODEN:
sehr trocken, auch stark durchwurzelt, lehmig-humos

MASSE:
1,2 × 1,2 m

Einkaufsliste

① *Anemone tomentosa* 'Serenade' (1)
② *Aster × herveyi* 'Twilight' (1)
③ *Epimedium pinnatum* ssp. *colchicum* 'Black Sea' (2)
④ *Geranium nodosum (2)*
⑤ *Helleborus Orientalis*-Hybride 'Pink Lady' (1)
⑥ *Bergenia*-Hybride 'Herbstblüte' (3)
⑦ *Brunnera macrophylla* 'Jack Frost' (1)

Zwiebelpflanzen

● je 10 *Chionodoxa forbesii* 'Pink Giant' (40)

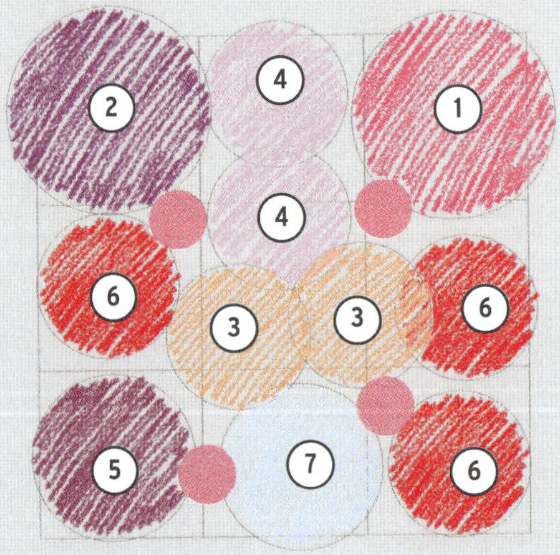

Pflanzplan im Maßstab 1:20

Modulpflanzen im Porträt

◄ **Herbstanemone**
Anemone tomentosa 'Serenade'

Standort:
☼ ◑
GR 1–2, B 1–2, Fr 1–2
Höhe/Wuchs:
100 cm, aufrecht, breitet sich durch Ausläufer aus

Blüte: Aug.–Okt., zartrosa
Pflege:
Rückschnitt der vertrockneten Triebe im Spätherbst

Arten/Sorten:
'Robustissima': 150 cm, hellrosa

► **Herzblatt-Aster**
Aster × herveyi 'Twilight'

Standort:
☼ ◑
GR 1–2, Fr 1–2
Höhe/Wuchs:
80 cm, Ausbreitung durch Ausläufer

Blüte: Aug.–Sept., blauviolett
Pflege: Rückschnitt im Spätherbst vor der Samenreife, um Selbstaussaat zu vermeiden

Arten/Sorten:
Aster macrophyllus 'Albus', Herzblatt-Aster: 100 cm, weiß

◄ **Bergenie**
Bergenia-Hybride 'Herbstblüte'

Standort:
☼ ◑
GR 2, Fr 2
Höhe/Wuchs:
30 cm, immergrüne Blattschmuckstaude

Blüte: April–Mai, Sept., dunkelrosa
Pflege: kann bei verkahlendem Wuchs im zeitigen Frühjahr zurückgeschnitten werden

Arten/Sorten:
'Baby Doll': 15 cm, April–Mai, zartrosa; 'Schneekönigin': 40 cm, April–Mai, weißlich rosa

► **Kaukasus-Vergissmeinnicht**
Brunnera macrophylla 'Jack Frost'

Standort:
◑
GR 2, B 2
Höhe/Wuchs:
40 cm, buschig, horstig

Blüte: April–Juni, mittelblau
Pflege: kompletter Rückschnitt nach Blüte für attraktiven Neuaustrieb, versamt sich sonst

Arten/Sorten:
Brunnera macrophylla: mittelblau, grünes Laub, sehr robust

◄ **Elfenblume**
Epimedium pinnatum ssp. *colchicum* 'Black Sea'

Standort:
◑ ●
G 1–2, GR 1–2
Höhe/Wuchs:
30 cm, wintergrün, flächig durch Ausläufer

Blüte: April–Mai, hellapricot
Pflege: unansehnliches Laub bei Bedarf bis Anfang März zurückschneiden

Arten/Sorten:
Epimedium × perralchicum 'Frohnleiten': 25 cm, goldgelb; E. × *rubrum*: 30 cm, rotweiß

► **Storchschnabel**
Geranium nodosum

Standort:
◑ ●
G 1–2, GR 1–2
Höhe/Wuchs:
45 cm, aufrecht, Ausläufer

Blüte: Juni–Okt., lilarosa
Pflege: Rückschnitt nach der Blüte verhindert Versamung

Arten/Sorten:
'Clos du Coudray': 45 cm, violett, weißer Rand; 'Silverwood': 30 cm, Mai–Aug., weiß

◄ **Lenzrose**
Helleborus Orientalis-Hybride 'Pink Lady'

Standort:
☼ ◑ ●
B 1–2, GR 1–2, G 1–2
Höhe/Wuchs:
40 cm, aufrecht horstig, wintergrün

Blüte: Febr.–Apr., rosa
Pflege: vor der Blüte altes, unansehnliches Laub abschneiden, um der Blattfleckenkrankheit vorzubeugen

Arten/Sorten:
'White Spotted Lady': 40 cm, weiß mit roten Punkten; 'Yellow Lady': 40 cm, hellgelb

Blühkalender: Prachtblüten im trockenen Schatten

Nr.	Botanischer Name	Deutscher Name	Höhe (cm)	I	II	III	IV	V	VI	VII	VIII	IX	X	XI	XII	Pflanzabstand (cm)	Pflanzen/qm
	Stauden																
①	*Anemone tomentosa* 'Serenade'	Herbstanemone	100													45	4
	Aster divaricatus 'Tradescant'	Weiße Sommer-Waldaster	40													60	2
②	*Aster × herveyi* 'Twilight'	Herzblatt-Aster	80													50	4
⑥	*Bergenia*-Hybride 'Herbstblüte'	Bergenie	30													40	6
⑦	*Brunnera macrophylla* 'Jack Frost'	Kaukasus-Vergiss-meinnicht	40													35	8
	Clematis × jouiniana 'Praecox'	Teppich-Waldrebe	50													80	1
③	*Epimedium pinnatum* ssp. *colchicum* 'Black Sea'	Elfenblume	30													30	10
④	*Geranium nodosum*	Storchschnabel	45													30	11
⑤	*Helleborus Orientalis*-Hybride 'Pink Lady'	Lenzrose	40													45	4
	Gräser																
	Carex oshimensis 'Evergold'	Japan-Goldsegge	30													35	8
	Gehölze																
	Mahonia aquifolium 'Apollo'	Mahonie	60														
	Zwiebelpflanzen																
	Chionodoxa forbesii 'Pink Giant'	Schneeglanz (▶ Seite 167)	25													5	100
	Chionodoxa forbesii 'Blue Giant'	Schneeglanz	25													5	100

Modulpflanzen   Ergänzungspflanzen

Schattenbeete Modul 2

Prachtblüten im trockenen Schatten

Es gibt einige wirkliche Problemstandorte im Garten, zu denen auch trockener Schatten bis Halbschatten im Kronenbereich immergrüner Nadelgehölze und ausgewachsener Laubbäume gehören, ebenso nach Norden ausgerichtete Hauswände im Regenschatten. Für solche Standorte gibt es eine begrenzte Auswahl geeigneter Stauden, die sich unverdrossen durchkämpfen und derart lebensfeindliche Bereiche in ein wahres Blütenmeer verwandeln. Einige erfreuen sogar mit attraktivem wintergrünem Laub – was will man mehr!
Die Lenzrose 'Pink Lady' (*Helleborus Orientalis*-Hybride, Nr. 5), eine Verwandte unserer heimischen Christrose *(Helleborus niger)*, verzaubert bereits im Vorfrühling mit rosa Schalenblüten und punktet anschließend fast ganzjährig mit dunkelgrünem, glänzendem Laub. Im Zusammenspiel mit den zarten Blüten der Elfenblume 'Black Sea' (*Epimedium pinnatum* ssp. *colchicum*, Nr. 3) in leuchtendem Apricot entsteht eine gewagte, aber eindrucksvolle Farbkomposition. Die Bergenie 'Herbstblüte' (*Bergenia*-Hybride, Nr. 6) hält, was ihr Name verspricht: Sie blüht nicht nur im April und Mai, sondern zuverlässig ein zweites Mal im September in Dunkelrosa. Die Blüten, aber auch das glänzende wintergrüne Laub sind eine Zierde im Beet und eine schöne Zutat im selbst gepflückten Blumenstrauß für die Vase.
Das robuste Kaukasus-Vergissmeinnicht 'Jack Frost' (*Brunnera macrophylla*, Nr. 7) ist mit seinem silbrig leuchtenden Laub eine überaus attraktive Blattschmuckstaude und daher im Beetvordergrund bestens aufgehoben. Im Frühling schweben seine zarten hellblauen Vergissmeinnichtblüten über dem Blattwerk – ein sehr aparter Anblick. Die Herzblatt-Aster 'Twilight' (*Aster × herveyi*, Nr. 2), die ab Mai bereits mit einer attraktiven dunkelgrünen Laubdecke überzeugt, öffnet im Spätsommer ihre violetten Strahlenblüten und ist eine schöne Begleiterin für die Herbstanemone 'Serenade' (*Anemone tomentosa*, Nr. 1). Beide Pflanzen sind durch Ausläuferbildung recht ausbreitungsfreudig, werden aber durch die ungünstigen Standortbedingungen in Schach gehalten.

Anpassen und variieren

Das Schattenbeet-Modul kann mehrmals beliebig nebeneinander platziert werden. Planen Sie größere Abstände von 40 cm oder 80 cm ein, falls Sie Ergänzungspflanzen dazwischen setzen oder den sich versamenden Pflanzen des Moduls Flächen zur Ausbreitung bieten wollen.
Auf 0,8 × 1,2 m Größe verkleinern lässt sich das Modul, indem Sie den linken Rasterstreifen einfach weglassen.
Möchten Sie als Farbthema eine elegantere Stimmung mit Blau, Weiß oder Gelb schaffen, bieten die Ergänzungspflanzen vielfältige Möglichkeiten. Die robuste und kompakt wachsende Mahonie 'Apollo' *(Mahonia aquifolium)* ist ein anspruchsloser, immergrüner Kleinstrauch, der im Frühling mit leuchtend gelben Blüten brilliert. Sie können ihn anstelle der Herbstanemone pflanzen. Auch die Teppich-Waldrebe 'Praecox' (*Clematis × jouiniana*) ist ein schöner Ersatz. Sie ist erstaunlich robust und mit ihren langen Trieben, die auf dem Boden aufliegen, auf schwierigen trockenen Standorten ein idealer Bodendecker. Ihre zarten bläulich weißen Blüten erscheinen von August bis September und sind eine bezaubernde Zugabe.

Lebensbereich:
Trockenes Gehölz (G 1–2)
oder Gehölzrand (GR 1–2)

UNTEN Die Teppich-Waldrebe 'Praecox' ist ein richtiger Alleskönner im trockenen Schatten. Sie klimmt auch gern in Gehölze und kann, wenn sie zu übermütig wird, im Frühling stark zurückgeschnitten werden.

Schattenbeete Modul 3: Heimische Stauden

Man muss die kleinen Dinge des Alltags nur recht genau betrachten, um zu entdecken, wie wundervoll sie sind. Das gilt auch für unsere heimischen Wildstauden, die mit ihrem natürlichen Charme sogar im dunklen Schatten von Gehölzen bezaubernde Pflanzengemeinschaften bilden.

STANDORT:
halbschattig bis schattig, Morgen- oder Abendsonne
BODEN:
mäßig trocken bis frisch, locker, humus- und nährstoffreich
MASSE:
Inselbeet, Durchmesser: 1 m

Einkaufsliste

① *Polygonatum multiflorum* (1)
② *Primula vulgaris* (1)
③ *Polypodium vulgare* (2)
④ *Helleborus niger* (1)
⑤ *Lamium orvala* (1)
⑥ *Lathyrus vernus* (1)
⑦ *Lunaria rediviva* (1)

Zwiebelpflanzen

● je 1 *Lilium martagon* (2)

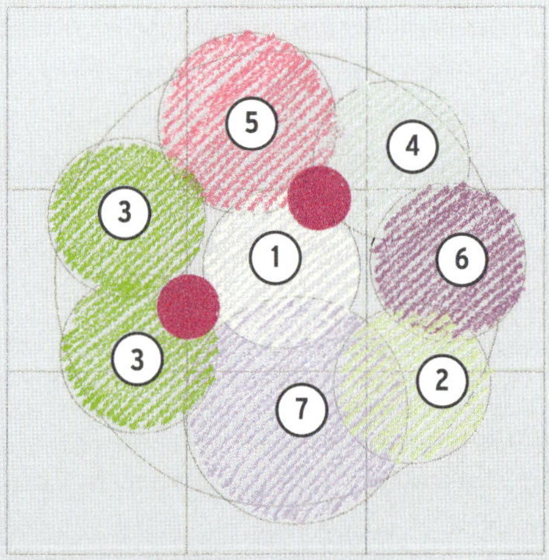

Pflanzplan im Maßstab 1:20

Modulpflanzen im Porträt

	◂ **Christrose** *Helleborus niger*	**Standort:** ☼ ◐ GR 2, G 2 **Höhe/Wuchs:** 25 cm, horstig aufrecht, wintergrün	**Blüte:** Jan.–März, weiß **Pflege:** vor der Blüte altes, unansehnliches Laub abschneiden, um der Blattfleckenkrankheit vorzubeugen	**Arten/Sorten:** 'Praecox': Nov.–März, 25 cm, reinweiß
	▸ **Großblütige Taubnessel** *Lamium orvala*	**Standort:** ◐ ● G 1–2, GR 1–2 **Höhe/Wuchs:** 40 cm, horstig aufrecht	**Blüte:** Mai–Juni, bräunlich rot **Pflege:** Rückschnitt nach der Blüte bewirkt Neuaustrieb und verhindert Versamung	**Arten/Sorten:** 'Album': 50 cm, Mai–Juni, weiß
	◂ **Frühlings-Platterbse** *Lathyrus vernus*	**Standort:** ◐ G 2, GR 2 **Höhe/Wuchs:** 30 cm, horstig	**Blüte:** April–Mai, rotviolett bis blauviolett **Pflege:** Rückschnitt im Herbst bis Spätherbst	**Arten/Sorten:** 'Alboroseus': 30 cm, rosa
	▸ **Mondviole** *Lunaria rediviva*	**Standort:** ◐ ● G 2, GR 2 **Höhe/Wuchs:** 100 cm, horstig, buschig	**Blüte:** Mai–Juni, hellviolett **Pflege:** nach der Blüte nicht zurückscheiden, bildet hübsche silbrige Schoten	**Arten/Sorten:** –
	◂ **Vielblütiges Salomonsiegel** *Polygonatum multiflorum*	**Standort:** ◐ ● G 2, GR 2 **Höhe/Wuchs:** 50 cm, bogig, vieltriebig	**Blüte:** Mai–Juni, weiß **Pflege:** vor Schneckenfraß schützen	**Arten/Sorten:** –
	▸ **Tüpfelfarn** *Polypodium vulgare*	**Standort:** ◐ ● G 2–3 **Höhe/Wuchs:** 40 cm, bogig, kriechend, wintergrün	**Blüte:** – **Pflege:** möglichst nicht verpflanzen, kein Rückschnitt	**Arten/Sorten:** –
	◂ **Kissenprimel** *Primula vulgaris*	**Standort:** ◐ G 2, GR 2, Fr 2 **Höhe/Wuchs:** 15 cm, halbkugelig, horstig	**Blüte:** März–April, schwefelgelb **Pflege:** versamt sich leicht, ideal zur Verwilderung	**Arten/Sorten:** *Primula elatior*, Schlüsselblume: 20 cm, schwefelgelb, doldige Blüten auf Stielen

Blühkalender: Heimische Stauden

Nr.	Botanischer Name	Deutscher Name	Höhe (cm)	I	II	III	IV	V	VI	VII	VIII	IX	X	XI	XII	Pflanzabstand (cm)	Pflanzen/qm
	Stauden																
⑩	*Anemone nemorosa*	Buschwindröschen (▶ Seite 166)	15													20	20
	Asarum europaeum	Haselwurz	15													25	16
④	*Helleborus niger*	Christrose	25													35	8
⑨	*Hepatica nobilis*	Leberblümchen (▶ Seite 169)	10													20	25
⑤	*Lamium orvala*	Großblütige Taubnessel	40													45	4
⑥	*Lathyrus vernus*	Frühlingsplatterbse	30													35	8
⑦	*Lunaria rediviva*	Mondviole	100													50	3
①	*Polygonatum multiflorum*	Vielblütiges Salomonsiegel	50													30	10
②	*Primula vulgaris*	Kissenprimel	15													25	16
	Gräser und Farne																
⑧	*Dryopteris filix-mas*	Wurmfarn (▶ Seite 168)	80													70	2
	Luzula sylvatica 'Marginata'	Gelbrand-Wald-Marbel	30													35	8
③	*Polypodium vulgare*	Tüpfelfarn	40													35	8
	Zwiebelpflanzen																
	Corydalis cava	Hohler Lerchensporn (▶ Seite 167)	15													20	30
	Crocus tommasinianus	Elfenkrokus	10													5	100
	Lilium martagon	Türkenbund-Lilie (▶ Seite 170)	100													30	10

Modulpflanzen   Ergänzungspflanzen

Schattenbeete Modul 3:

Heimische Stauden

In diesem Beet-Modul gesellen sich heimische Waldstauden zueinander und bilden eine abwechslungsreiche, dichte, teils wintergrüne Pflanzendecke. Sie fühlen sich im Schatten oder Halbschatten großer, eingewachsener Gehölze wohl, wo sie das ganze Jahr über als ausdauernde und pflegeleichte Begleiter erfreuen.

Die Mondviole (*Lunaria rediviva*, Nr. 7) ist eine ganz besondere heimische Wildstaude, denn sie blüht nur nachts und verströmt dann einen intensiven Duft, was den ungewöhnlichen Namen erklärt. Mit ihrem attraktiven hellgrünen Laub und dem buschigen Wuchs ist sie ein schöner Blickpunkt in jedem Schattenbeet.

Die Christrose (*Helleborus niger*, Nr. 4) ist mit fast ganzjährig schönem Laub eine anspruchslose, unverzichtbare Schattenstaude unter Gehölzen und mit ihren großen weißen Schalenblüten ein attraktiver Winterblüher. Im April setzen die hellgelb blühende Kissenprimel (*Primula vulgaris*, Nr. 2) und die Frühlingsplatterbse (*Lathyrus vernus*, Nr. 6) mit blau-violetten Schmetterlingsblüten neue Farbtupfer ins Beet. Die robuste Großblütige Taubnessel (*Lamium orvala*, Nr. 5) ist ein schöner Pflanzpartner des wintergrünen, heimischen Tüpfelfarns (*Polypodium vulgare*, Nr. 3). Zusammen mit dem Vielblütigen Salomonsiegel (*Polygonatum multiflorum*, Nr. 1) bilden sie ein ideales Pflanzentrio für schattige Beete im Naturgarten. Die Türkenbund-Lilie *(Lilium martagon)* ist eine Zwiebelpflanze, die man sehr gut zwischen die Stauden setzen kann. Im Juli bereichert sie mit großen rosa Blüten auf hohen Stielen das Beet.

Anpassen und variieren

Das Schattenbeet-Modul ist eine kleine Pflanzinsel, die Sie einzeln oder entsprechend der gewünschten Größe der Unterpflanzung auch mehrmals beliebig nebeneinander in jede Beetform platzieren können. Lassen Sie größere Abstände, falls Sie Ergänzungspflanzen dazwischen setzen oder den sich versamenden Pflanzen des Moduls wie der Kissenprimel Platz zum Vagabundieren lassen möchten.

Für den Vordergrund des Moduls eignen sich Leberblümchen *(Hepatica nobilis)* oder Haselwurz *(Asarum europaeum)*. Beide kommen mit ihrem attraktiven Laub in größeren Gruppen als Bodendecker besonders gut zur Geltung. Auch die Gelbrand-Wald-Marbel 'Marginata', eine Sorte der heimischen Wald-Marbel *(Luzula sylvatica)*, macht sich gut im Beetvordergrund. Der trichterförmige, bis zu 80 cm hohe Wurmfarn *(Dryopteris filix-mas)* kann einzeln oder in kleinen Gruppen dazugenommen werden und sorgt für eine abwechslungsreiche Höhenstruktur. Das Buschwindröschen *(Anemone nemorosa)* ist im Frühling ein idealer Begleiter des Wurmfarns. Er bildet mit seinen bräunlichen, noch aufgerollten Wedeln einen schönen Hintergrund für die weißen Strahlenblüten. Wie man das Modul vergrößert und erweitert, zeigt das Pflanzbeet auf den Seiten 104–105.

Zwiebelpflanzen ergänzen

Der heimische Hohle Lerchensporn *(Corydalis cava)* und der Elfenkrokus *(Crocus tommasinianus)* können in kleinen Grüppchen zwischen die Stauden gesetzt werden. Sie breiten sich bald reichlich durch Versamung aus.

Lebensbereich:
Lebensbereich Gehölz (G/GR 1–2)

UNTEN Buschwindröschen und Lerchensporn breiten sich durch kriechende Rhizome bzw. Versamung gern aus. Sie bedecken im Frühling weite Beetflächen, ziehen ihr Laub jedoch später ein.

Beet-Variante mit Modul 3: Heimische Stauden

UNTEN Schon mit wenigen neuen Ergänzungspflanzen ist aus dem Schattenbeet-Modul 3 dieses große, sehr dekorative Beet entstanden, das zu jeder Jahreszeit etwas zu bieten hat.

Das Beet-Modul wurde durch die Bildung größerer Gruppen sowie mit Ergänzungspflanzen in der Größe individuell angepasst.

Heimische Waldstauden mit dezenten, zarten Blüten und attraktivem Laub sorgen auf diesem Beet das ganze Jahr über für wechselnde Blütenbilder mit bezauberndem, natürlichem Charme.

Oft schon im Dezember öffnen sich die großen weißen Schalenblüten der Christrose (*Helleborus niger*, Nr. 4), ein ungewöhnliches Bild zu dieser Jahreszeit. Im März gesellen sich Hohler Lerchensporn *(Corydalis cava)* und die hellgelben Blüten der Kissenprimel (*Primula vulgaris*, Nr. 2) dazu. Im April und Mai folgen das Salomonsiegel (*Polygonatum multiflorum*, Nr. 1), die Frühlingsplatterbse (*Lathyrus vernus*, Nr. 6) und die Großblütige Taubnessel (*Lamium orvala*, Nr. 5).

Von den Kandidaten der Ergänzungspflanzen neu hinzugekommen sind der stattliche trichterförmige Wurmfarn (*Dryopteris filix-mas*, Nr. 8), der eine schöne Ergänzung für den Tüpfelfarn (*Polypodium vulgare*, Nr. 3) ist, sowie das zarte Buschwindröschen (*Anemone nemorosa*, Nr. 10). Das heimische Leberblümchen (*Hepatica nobilis*, Nr. 9), ein immergrüner Bodendecker, der mit seinen leuchtend blauen Blüten den Frühling einläutet, ist ebenfalls neu aufgenommen. Die schöne Mondviole (*Lunaria rediviva*, Nr. 7) bleibt aber der Star auf diesem Beet. Sie betritt im Mai die Gartenbühne und wird Sie zur Nacht, wenn ihre zarten, duftenden Blüten sich öffnen, in den Garten locken.

Alle Pflanzen wurden in kleinen Gruppen von zwei bis fünf Stück je Art oder Sorte locker kombiniert und bilden mit der Zeit eine ruhige, geschlossene Vegetationsdecke. Dieses kreisförmige Beet hat einen Durchmesser von 3 m und ist für eine Unterpflanzung eines vorhandenen größeren, eingewachsenen Gehölzes bestens geeignet.

Beet-Variante mit Modul 3: Heimische Stauden

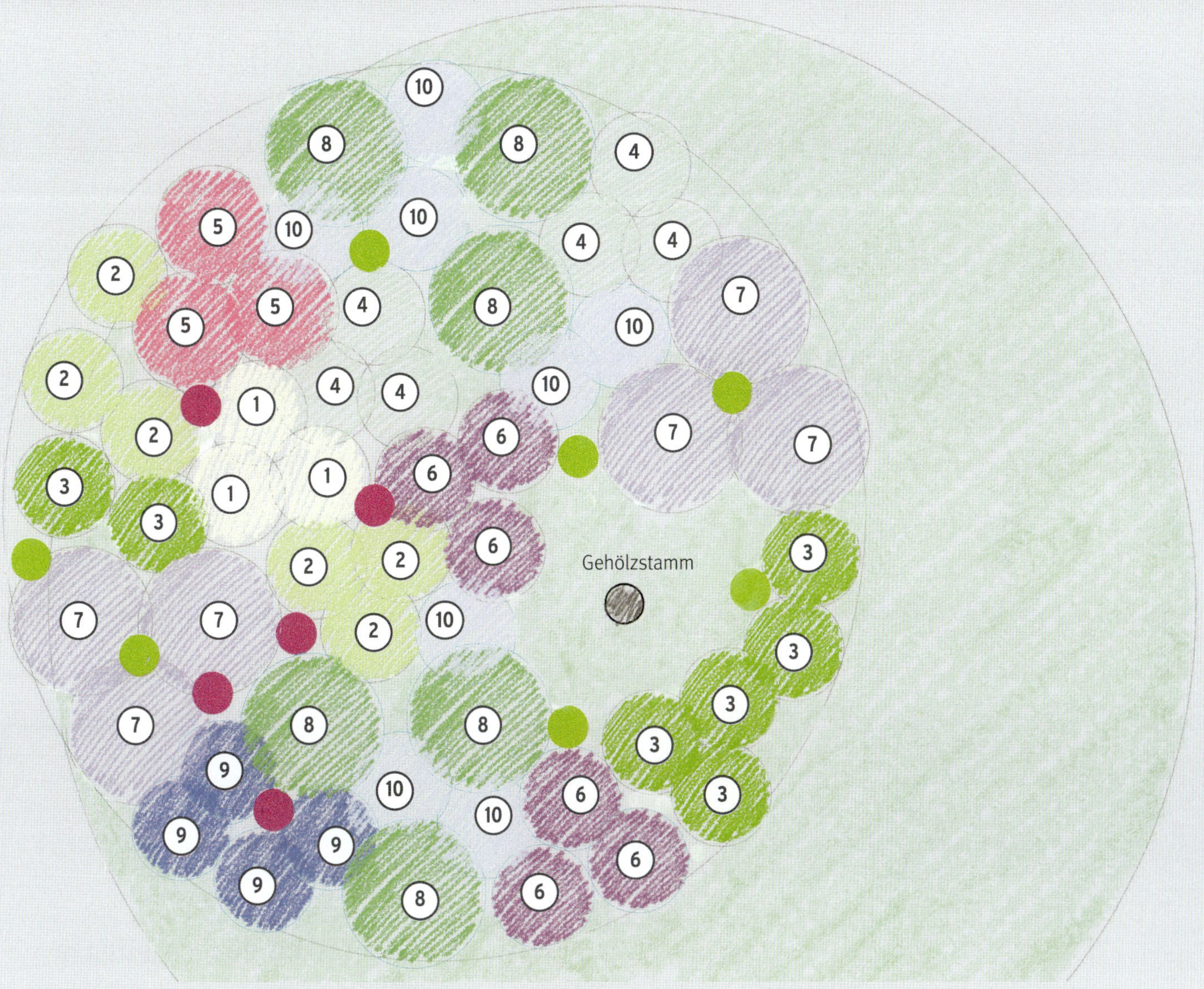

Einkaufsliste
Modulpflanzen

① *Polygonatum multiflorum* (3)
② *Primula vulgaris* (6)
③ *Polypodium vulgare* (7)
④ *Helleborus niger* (6)
⑤ *Lamium orvala* (3)
⑥ *Lathyrus vernus* (6)
⑦ *Lunaria rediviva* (6)

Zwiebelpflanzen

● je 1 *Lilium martagon* (5)

Ergänzungspflanzen

⑧ *Dryopteris filix-mas* (6)
⑨ *Hepatica nobilis* (4)
⑩ *Anemone nemorosa* (8)

Zwiebelpflanzen

● je 5 *Corydalis cava* (35)

Für Puristen – modern und reduziert

Vielleicht gehören Sie auch zu den Gartenbesitzern, die Blumen und Pflanzen lieben, aber auch Ordnung und einen schlichten, eher formalen Stil bevorzugen. Oder Sie möchten die moderne, reduzierte Architektur des Hauses auf das umgebende Grün im Garten übertragen, ohne auf blühende Pflanzen zu verzichten. Vielleicht legen Sie aber auch z. B. nur im Eingangsbereich Wert auf eine repräsentative Wirkung. Und nicht zuletzt sind schlichte Bepflanzungen mit wenigen, aber wirkungsvollen Pflanzenarten interessant für Gartenneulinge oder Menschen mit wenig Zeit für Gartenarbeit.

Nicht immer müssen bei der Beetgestaltung Vorbilder aus der Natur die Richtung vorgeben. Mit Stauden lassen sich auch moderne, minimalistisch angelegte Bepflanzungen realisieren, die den Regeln der Symmetrie folgen.

BEETE IM PURISTISCHEN STIL haben nicht den Anspruch, einen bestimmten Lebensbereich im Sinne des »New German Style« abzudecken. Sie entsprechen daher am ehesten dem Lebensbereich »Beet«, also einem »künstlichen« Gartenstandort. Doch auch in diesem Fall müssen Sie die Standortwünsche der Stauden berücksichtigen.

Charakter

Eine moderne, puristische Bepflanzung wirkt nicht durch Pflanzenvielfalt, sondern durch Reduzierung nach dem Motto »Weniger ist mehr«. So eine formale, moderne Bepflanzung kann sehr elegant und dezent wirken, wie beispielsweise ein großes, mit graulaubigen Blattschmuckstauden wie Funkien *(Hosta)* bepflanztes Beet. Die einheitliche Fläche aus gleichmäßigen Farben, Formen und Strukturen, die hierdurch entsteht, vermittelt Ruhe und Modernität.

Die Größe des Beets spielt dabei keine große Rolle, wohl aber die Beetform. Geometrische Formen stellen eher einen Bezug zur Architektur her und betonen Blickachsen aus dem Haus heraus sehr gut, sodass die Architektur des Hauses mit dem Garten zu verschmelzen scheint.

Sowohl ein kleiner schmaler Reihenhausgarten als auch ein großzügiger Garten lassen sich nach diesem Prinzip modern und puristisch, aber dennoch lebens- und liebenswert gestalten.

Integrationsmöglichkeiten in den Garten

Vielleicht haben Sie gerade gebaut und suchen eine Möglichkeit, wie Sie die Terrasse schlicht, aber wirkungsvoll in den angrenzenden Garten einbinden können. Oder in den modern mit Kies- oder Betonplatten befestigten Vorgarten soll mit blühenden Pflanzen lediglich ein farbiger Akzent gesetzt werden – wie ein Ausrufezeichen.

Für solche Fälle bieten die Beet-Module für Puristen vielfältige Integrationsmöglichkeiten. Sie sind so aufeinander abgestimmt, dass sie individuell kombiniert sehr leicht auch zu einem großen Ganzen zusammengefügt werden können. Beispielsweise können Sie die Module als begleitenden Beetstreifen für eine lange Wegeachse vom Haus

in den Garten hinein ganz nach Ihrem Geschmack kombinieren und variieren.
Auch historische Wohnhäuser mit klassischer oder verspielter Fassade und charmanter Patina lassen sich mit einer modernen, reduzierten Bepflanzung spannungsvoll in Szene setzen. Sie müssen nur den Mut aufbringen, Modernität mit Historischem zu verbinden.

Standortbedingungen

Bei der Anlage einer modernen, reduzierten Bepflanzung gilt es, bei der Pflanzenauswahl die Standortbedingungen besonders sorgfältig zu berücksichtigen, da meist wenige Pflanzenarten eher großflächig verwendet werden und Ausfälle dadurch stark ins Auge fallen würden. Für einen vollsonnigen, nach Süden ausgerichteten Standort muss man andere Pflanzen auswählen als für ein schattiges Beet im nach Norden ausgerichteten Eingangsbereich. Die beiden hier vorgestellten Beet-Module zeigen daher Bepflanzungsvorschläge sowohl für sonnige als auch für halbschattige bis schattige Standorte.

Gestaltungsprinzipien und Hinweise zur Planung

Die Herausforderung bei der Planung einer puristisch-reduzierten Bepflanzung liegt darin, mit einer begrenzten Pflanzenpalette eine optisch möglichst optimale Wirkung über das ganze Jahr hin zu erzielen. Da die Pflanzen einer Art oder Sorte meist in größerer Anzahl verwendet werden, muss man besonders sorgfältig auswählen und dabei auch das Wuchs- und Blühverhalten über die ganze Vegetationsperiode berücksichtigen. Das Pflanzmuster sollte klare Strukturen aufweisen oder nach schlichten geometrischen Formen angelegt sein und sich rhythmisch wiederholen. Hierdurch entsteht die gewünschte moderne formal-architektonische Wirkung.
Die Farbwahl ist entweder sehr zurückhaltend oder sogar monochrom. Sie kann aber auch als gewolltes Gestaltungsmittel betont bunt gehalten sein. Sehr wirkungsvoll sind zum Beispiel schlichte grüne Ruhepunkte wie formale Kugeln, Quader oder Hecken, die mit den Staudenflächen kombiniert werden. Sie passen gut in das Konzept einer

OBEN Der Kontrast könnte kaum stärker sein, doch genau das macht den besonderen Reiz dieser Pflanzenkombination im puristischen Stil aus: Bergenien, das Pfeifengras 'Edith Dudszus' und die Rasenschmiele.

RECHTS In diesem Beet wurde die Hohe Fetthenne 'Matrona' mit Astern und Flammenblume – jahreszeitlich gestaffelt – in großzügig geschwungenen Bändern gepflanzt.

UNTEN Ein Beet mit nur wenigen Staudenarten wirkt modern und klar. Die Anzahl einzelner Arten – hier Indianersessel und Flammenblumen – und ihre Anordnung spielen eine große Rolle.

klaren, modernen Gestaltung von Wegen und Plätzen, die häufig durch gerade Linien und rechte Winkel geprägt ist.

Bodenvorbereitung

Je besser die Bodenqualität und je sorgfältiger Sie den Boden vorbereiten, desto kräftiger und schöner wachsen die Pflanzen – ein wichtiger Aspekt bei der Anlage puristischer Beete, wo meist nur wenige Pflanzenarten verwendet werden. Ein gut durchlässiger, lockerer und humoser, ausreichend mit Nährstoffen versorgter Boden ist die Basis aller Beet-Module für Puristen. Beachten Sie die Hinweise zur Bodenverbesserung (▶ Seite 34). Vor der Pflanzung sollten Sie organischen Dünger auf dem Beet verteilen und leicht einharken.

Pflanzung

Möchten Sie schon im ersten Jahr Ihr Beet in voller Pracht genießen, lohnt es sich, etwas mehr zu investieren und die benötigten Pflanzen in der größtmöglichen Qualität zu bestellen.
Repräsentative und reduzierte Beete sollen immer perfekt und gepflegt aussehen. Daher ist es empfehlenswert, nach der Pflanzung den Boden mit einer ca. 3 cm dicken Schicht Rindenmulch in sehr feiner Körnung von 5–10 mm, sogenanntes Rindenkorn, abzudecken. Alternativ können Sie auch feinen Zierkies oder Splitt zur Abdeckung verwenden. Eine solche Schicht sieht optisch gut aus, bildet einen willkommenen Verdunstungsschutz und hält aufkommendes Unkraut in Schach, solange die Vegetationsdecke noch nicht geschlossen ist. Achten Sie dabei jedoch darauf, die Pflanzen im Bereich des Pflanzenballens nicht zu hoch mit Mulchmaterial zu bedecken. Die Hohe Bart-Iris *(Iris barbata-elatior)* zum Beispiel darf nicht zu tief gepflanzt werden. Ihr Rhizom sollte immer etwas aus der Erde schauen.

Pflege übers Jahr

Ab Spätherbst bis zum zeitigen Frühjahr, also spätestens Anfang März, muss das abgestorbene Laub der Gräser und Stauden bis zum Boden zurückgeschnitten und das Schnittgut komplett entfernt werden. Nur dann sieht das Beet auch im Winter und Frühjahr gut und gepflegt aus.
Jetzt ist auch die Zeit günstig, um organischen Langzeitdünger wie zum Beispiel Hornspäne zwischen den Stauden zu verteilen. Achten Sie dabei aber auf bereits austreibende Zwiebelpflanzen, und betreten Sie das Beet nur vorsichtig. Anschließend können Sie die Mulchschicht aus Kies oder Splitt auffrischen, falls dies aus optischen Gründen notwendig sein sollte.
Bei längeren Hitze- und Trockenperioden sollten Sie konsequent darauf achten, ob bestimmte Schattenpflanzen wie das Schaublatt *(Rodgersia)*, die Silberkerze *(Cimicifuga)* oder die Prachtspiere *(Astilbe)* unter Wassermangel leiden. Bitte gießen Sie in diesem Fall unbedingt rechtzeitig, da diese Pflanzen durch Trockenschäden schnell unansehnlich werden.
Lavendel sollten Sie regelmäßig und sorgfältig schneiden, damit er nicht unförmig wird. Im Sommer empfiehlt es sich, braune, vertrocknete Blätter und verblühte Blütenstände regelmäßig zu entfernen, dadurch sieht Ihr Beet immer attraktiv aus. Steppensalbei *(Salvia nemorosa)* wird nach der Blüte komplett zurückgeschnitten. Er treibt anschließend schnell wieder aus und erfreut Sie im Spätsommer mit einer zweiten Blüte.

Für Puristen Modul 1: Schattenbeet

Mit schönen, eleganten Blattschmuckstauden und Blüten in leuchtenden Farben zu fast jeder Jahreszeit wird dieses variable Beet-Modul nicht nur Puristen überzeugen. Die beiden Varianten lassen sich ganz einfach zu größeren Beeten jeder Form kombinieren, und der Pflegeaufwand ist gering.

STANDORT:
halbschattig bis schattig, Morgen- oder Abendsonne, möglichst keine volle Sonne in der Mittagszeit
BODEN:
frisch bis feucht, locker, humus- und nährstoffreich
MASSE:
jeweils 0,8 × 1,2 m

Einkaufsliste

① *Cimicifuga simplex* 'Chocoholic' (3)
② *Astrantia major* 'Abbey Road' (2)
③ *Astrantia major* 'Venice' (1)
④ *Astilbe chinensis* var. *pumila* (4)
⑤ *Rodgersia henrici* 'Die Schöne' (1)

Zwiebelpflanzen
● je 1 *Allium*-Hybride 'Mount Everest' (2)
● je 5 *Hyacinthoides hispanica* (15)

Variante 1: Sterndolde

Variante 2: Schaublatt

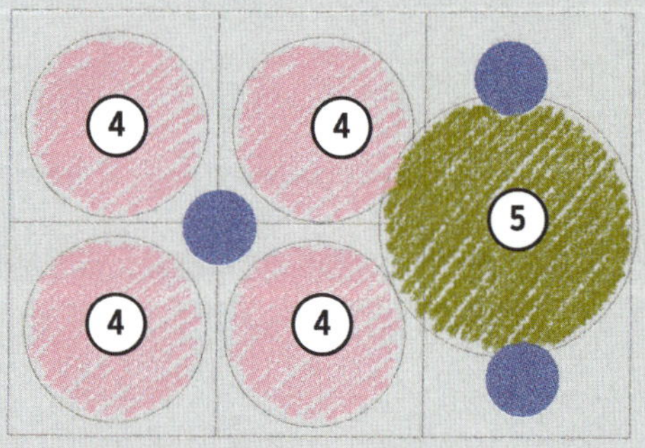

Pflanzpläne im Maßstab 1:20

Modulpflanzen im Porträt

◄ **Zwerg-Waldspiere**
Astilbe chinensis var. *pumila*

Standort: ◑
GR 2, G 2
Höhe/Wuchs: 30 cm, kompakt, kriechend, kurze Ausläufer

Blüte: Aug.–Sept., violettrosa
Pflege: kompletter Rückschnitt im Spätherbst oder zeitigen Frühjahr

Arten/Sorten: 'Visions in Red': 40 cm, Juli–Aug., purpurrot; 'Visions in White': 45 cm, Juli–Aug., weiß

► **Sterndolde**
Astrantia major 'Abbey Road'

Standort: ☼ ◑
GR 2, G 2, Fr 3
Höhe/Wuchs: 70 cm, horstig aufrecht

Blüte: Juni–Juli, Sept., dunkel purpurrot
Pflege: Rückschnitt nach der Blüte verhindert Selbstaussaat, regt 2. Blüte an

Arten/Sorten: 'Moulin Rouge': 40 cm, karmesinrot mit dunkelvioletten Spitzen

◄ **Sterndolde**
Astrantia major 'Venice'

☼ ◑
GR 2, G 2, Fr 3
Höhe/Wuchs: 60 cm, horstig aufrecht

Blüte: Juni–Juli, Sept., rubinrot
Pflege: Rückschnitt nach der Blüte verhindert Selbstaussaat, regt 2. Blüte an

Arten/Sorten: 'Florence': 50 cm, silbrig rosa

► **Dunkle September-Silberkerze**
Cimicifuga simplex 'Chocoholic'

Standort: ◑
G 2, GR 2, B 2
Höhe/Wuchs: 70 cm, horstig, straff aufrecht

Blüte: Sept.–Okt., weiß
Pflege: bei Bedarf Rückschnitt der verblühten Blütenstände und des vertrockneten Laubs

Arten/Sorten: 'Brunette': 150 cm, weiß; *Cimicifuga japonica* var. *acerina* 'Compacta': 60 cm, Aug.–Sept., weiß

◄ **Schaublatt**
Rodgersia henrici 'Die Schöne'

Standort: ◑
G 2–3, GR 2–3
Höhe/Wuchs: 100 cm, horstig, aufrecht, kurze Rhizome

Blüte: Juni–Juli, zartrosa
Pflege: bei länger anhaltenden Hitzeperioden wässern, sonst unansehnliches Laub

Arten/Sorten: *Rodgersia podophylla* 'Rotlaub': 80 cm, cremeweiß

Blühkalender: Schattenbeet

Nr.	Botanischer Name	Deutscher Name	Höhe (cm)	I	II	III	IV	V	VI	VII	VIII	IX	X	XI	XII	Pflanzabstand (cm)	Pflanzen/qm
	Stauden																
④	*Astilbe chinensis* var. *pumila*	Zwerg-Waldspiere	30													35	10
②	*Astrantia major* 'Abbey Road'	Sterndolde	70													45	4
	Astrantia major 'Shaggy'	Weiße Sterndolde	50													45	4
③	*Astrantia major* 'Venice'	Sterndolde	60													45	4
	Bergenia-Hybride 'Baby Doll'	Bergenie	25													35	8
①	*Cimicifuga simplex* 'Chocoholic'	Dunkle September-Silberkerze	70													50	4
	Hosta-Hybride 'Patriot'	Weißrand-Funkie	50													50	4
⑤	*Rodgersia henrici* 'Die Schöne'	Schaublatt	100													50	2
	Gräser																
	Carex morrowii var. *foliosissima* 'Silver Sceptre'	Japan-Teppichsegge	40													35	8
	Gehölze																
	Hydrangea quercifolia 'Pee Wee'	Eichblatt-Hortensie	80													60	–
	Taxus cuspidata 'Lescow'	Zwerg-Eibe	200														
	Zwiebelpflanzen																
	Allium-Hybride 'Mount Everest'	Zierlauch (▶ Seite 165)	120													20	10
	Hyacinthoides hispanica	Spanisches Hasenglöckchen (▶ Seite 169)	30													10	100

Modulpflanzen   Ergänzungspflanzen

Für Puristen: Modul 1

Schattenbeet

Das Beet-Modul 1 für halbschattige bis schattige Standorte zeigt zwei Möglichkeiten, wie man mit nur zwei bis drei verschiedenen Pflanzen puristische Beete mit unterschiedlichen Blühhöhepunkten und Farbthemen zusammenstellen kann.

Variante 1: Sterndolde

In einem beeindruckenden Farbenspiel verbinden sich in dieser Variante die lange blühenden Sterndolden (*Astrantia major*, Nr. 2 und 3) in den attraktiven Sorten 'Abbey Road' in dunklem Purpurrot und 'Venice' in intensivem Rubinrot mit dem fast schwarzen Laub der Dunklen September-Silberkerze 'Chocoholic' (*Cimicifuga simplex*, Nr. 1). Wenn die Sterndolden im September mit einer zweiten Blüte erfreuen, erblühen auch die aparten, silbrig-weißen Blütenkerzen der Silberkerze und verwöhnen uns mit ihrem köstlichen Duft, der weit durch den Garten streicht. Im Frühsommer erheben sich die weißen Kugeln des Zierlauchs 'Mount Everest' (*Allium*-Hybride) über das Beet.

Variante 2: Schaublatt

Das Spanische Hasenglöckchen *(Hyacinthoides hispanica)* erfreut schon im April mit Sträußchen blauer Glockenblüten. Das Schaublatt 'Die Schöne' (*Rodgersia henrici*, Nr. 5) überzeugt im späteren Frühjahr mit bronzefarbenem Blattaustrieb und entwickelt sich zu einem eindrucksvollen Strukturbildner mit großen grünen Blättern. Die rosa Blütenrispen erheben sich von Juni bis Juli auf kräftigen Stielen darüber. Die Zwerg-Waldspiere (*Astilbe chinensis* var. *pumila*, Nr. 4), ein dankbarer Bodendecker, legt sich ihr wie ein rosa Teppich zu Füßen. Nachdem ihre rosa Blütenkerzen im Spätsommer verblüht sind, nimmt ihr gefiedertes Laub einen orangebraunen Herbstton an. Eine einfache, aber sehr wirkungsvolle Kombination, die das ganze Jahr über etwas zu bieten hat.

Anpassen und variieren

Beide Varianten lassen sich problemlos mehrmals nebeneinander platzieren, um die gewünschte Beetgröße zu erhalten. Will man ein Modul verkleinern, lässt man einzelne Rasterstreifen weg. In Variante 1 kann ein Exemplar der dunkelpurpurroten Sterndolde 'Abbey Road' (*Astrantia major*, Nr. 2) durch die Weiße Sterndolde 'Shaggy' ersetzt werden. Die Variante 2 erhält einen noch ruhigeren, modern-architektonischen Touch, wenn man die Zwerg-Waldspiere durch die immergrüne Japan-Teppichsegge 'Silver Sceptre' (*Carex morowii* var. *foliosissima*) mit weiß gestreiftem, überhängendem Laub ersetzt. Auch die zierliche Bergenie 'Baby Doll' *(Bergenia)* ist eine geeignete Alternative. Wer möchte, kann das Schaublatt 'Die Schöne' durch zwei Exemplare der wunderschönen Weißrand-Funkie 'Patriot' (*Hosta*-Hybride) ersetzen.
Die niedrige, kompakt wachsende Eichblatt-Hortensie 'Pee Wee' *(Hydrangea quercifolia)* überzeugt durch weiße Rispenblüten im Juli und rote Laubfärbung im Herbst. Sie lässt sich sehr gut als verbindendes Element für die Modul-Varianten verwenden, wirkt aber etwas malerisch. Kugeln oder Quader aus Eibe, z. B. die kompakt wachsende Sorte 'Lescow' *(Taxus cuspidata)*, sind dagegen ruhige, streng architektonische Verbindungselemente und deshalb ideal.

Lebensbereich:
Lebensbereich Schattiges Beet (B 2–3)

UNTEN Die klar konturierten Blütenkugeln des Zierlauchs geben puristischen Beeten den letzten Schliff. Die weiße Sorte 'Mount Everest' hat sich seit vielen Jahren bewährt und ist eine schöne Alternative zu den violetten Sorten.

Für Puristen Modul 2: Sonniger Standort

Warme, leuchtende Farbtöne im Hochsommer oder elegantes Violett im Frühsommer? Keine Frage, mit den Varianten dieses Beet-Moduls ist beides möglich. Sie können aber auch Ihre Fantasie spielen lassen und mit den Ergänzungspflanzen ganz neue Kombinationen kreieren.

STANDORT:
sonnig
BODEN:
mäßig trocken, gut durchlässig, lehmig-humos
MASSE:
jeweils 0,8 × 1,2 m

Einkaufsliste

① *Calamagrostis × acutiflora* 'Karl Foerster' (1)
② *Echinacea*-Hybride 'Flame Thrower' (2)
③ *Echinacea*-Hybride 'Tomato Soup' (2)
④ *Pennisetum alopecuroides* 'Cassian' (3)
⑤ *Salvia nemorosa* 'Caradonna' (3)

Zwiebelpflanzen
- je 1 *Allium*-Hybride 'Ambassador' (6)
- je 3 *Allium atropurpureum* (6)
- je 1 *Allium christophii* (1)

Variante 1: Sonnenhut

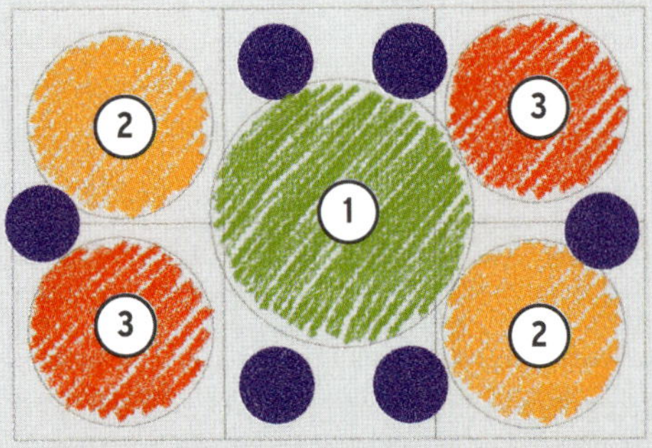

Variante 2: Steppensalbei

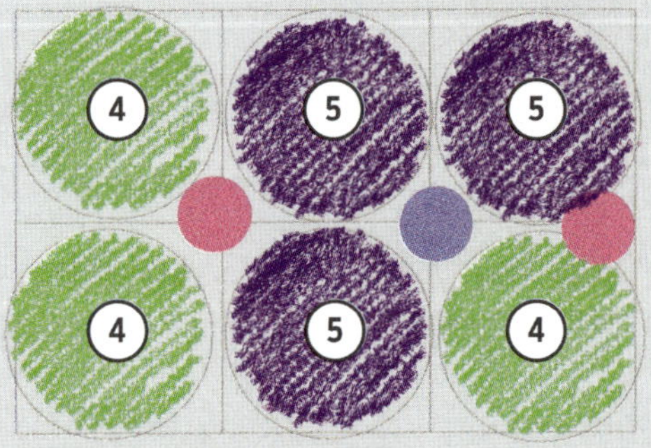

Pflanzpläne im Maßstab 1:20

Modulpflanzen im Porträt

◄ **Garten-Reitgras**
Calamagrostis × acutiflora 'Karl Foerster'

Standort:
☼
Fr 1–2, B 1–2

Höhe/Wuchs:
150 cm, horstig, straff aufrecht

Blüte: Juni–Aug., silbrig-rosa

Pflege: kompletter Rückschnitt im Frühjahr

Arten/Sorten:
'Overdam': 120 cm, silbrig-rosa, weiß gestreifte Blätter

► **Scheinsonnenhut**
Echinacea-Hybride 'Flame Thrower'

Standort:
☼
B 1–2, Fr 1–2

Höhe/Wuchs:
90 cm, horstig, straff aufrecht

Blüte: Juli–Sept., orangegelb

Pflege: keine Staunässe, Rückschnitt nach der Blüte, düngen

Arten/Sorten:
'Summer Cocktail': 100 cm, gelb-orange bis purpur

◄ **Scheinsonnenhut**
Echinacea-Hybride 'Tomato Soup'

Standort:
☼
B 1–2, Fr 1–2

Höhe/Wuchs:
70 cm, horstig, straff aufrecht

Blüte: Juli–Sept., tomatenrot

Pflege: keine Staunässe, Rückschnitt nach der Blüte, düngen

Arten/Sorten:
'Pixi Meadowbrite': 40 cm, pink

► **Lampenputzergras**
Pennisetum alopecuroides 'Cassian'

Standort:
☼
Fr 2, B 2

Höhe/Wuchs:
90 cm, horstig, buschig überhängend

Blüte: Aug.–Okt., hellbraun

Pflege: bei Blühfaulheit aufnehmen und teilen, im Frühjahr zurückschneiden

Arten/Sorten:
'Red Head': 50 cm, rosarot, Juli–Okt.

◄ **Steppensalbei**
Salvia nemorosa 'Caradonna'

Standort:
☼
Fr 1–2, B 1–2

Höhe/Wuchs:
60 cm, horstig, straff aufrecht

Blüte: Juni–Sept., dunkelviolett

Pflege: nach der Blüte bis zum Boden zurückschneiden, regt 2. Blüte an

Arten/Sorten:
'Mainacht': 50 cm, Mai–Juni, Sept., dunkles Blauviolett

Blühkalender: Sonniger Standort

Nr.	Botanischer Name	Deutscher Name	Höhe (cm)	I	II	III	IV	V	VI	VII	VIII	IX	X	XI	XII	Pflanzabstand (cm)	Pflanzen/ qm
	Stauden																
②	*Echinacea*-Hybride 'Flame Thrower'	Scheinsonnenhut	90													35	8
⑥	*Echinacea*-Hybride 'Fragrant Angel'	Scheinsonnenhut (▶ Seite 168)	80													35	8
③	*Echinacea*-Hybride 'Tomato Soup'	Scheinsonnenhut	70													35	8
⑦	*Hemerocallis*-Hybride 'Little Grapette'	Taglilie (▶ Seite 169)	60													40	6
	Iris barbata-elatior 'Lovely Again'	Hohe Bart-Iris	80													40	6
	Lavandula angustifolia 'Miss Katherine'	Garten-Lavendel	50													40	8
⑤	*Salvia nemorosa* 'Caradonna"	Steppensalbei	60													35	8
	Gräser																
①	*Calamagrostis × acutiflora* 'Karl Foerster'	Garten-Reitgras	150													80	1
④	*Pennisetum alopecuroides* 'Cassian'	Lampenputzergras	90													80	1
	Gehölze																
	Ilex crenata 'Dark Green'	Löffel-Ilex	200														
⑧	*Taxus baccata* 'Renkes Kleiner Grüner'	Zwerg-Eibe (▶ Seite 172)	100														
	Zwiebelpflanzen																
	Allium atropurpureum	Granat-Kugellauch (▶ Seite 164)	80													25	16
	Allium christophii	Sternkugel-Lauch (▶ Seite 164)	50													30	6
	Allium-Hybride 'Ambassador'	Riesen-Zierlauch (▶ Seite 165)	130													40	4

Modulpflanzen   Ergänzungspflanzen

Für Puristen Modul 2

Sonniger Standort

Das Beet-Modul 2 für sonnige Standorte bietet vielfältige Möglichkeiten, freie, sonnige Gartenbereiche mit reduzierten, modernen pflanzlichen Strukturen und Farben gestalterisch aufzuwerten. Beide Varianten zeigen beispielhaft, wie man mit wenigen verschiedenen Pflanzen puristisch-reduzierte Beete mit unterschiedlichen Blühhöhepunkten und Farbthemen zusammenstellen kann.

Variante 1: Sonnenhut

Mit dem straff aufrechten Garten-Reitgras 'Karl Foerster' (*Calamagrostis × acutiflora*, Nr. 1) vermittelt die Variante 1 einen Hauch von Prärie, umspielt von den Scheinsonnenhüten 'Flame Thrower' und 'Tomato Soup' (*Echinacea*-Hybriden, Nr. 2 und 3), die von Juli bis September in warmen Orange- und Rottönen blühen. Die dunkelvioletten Blütenkugeln des Riesen-Zierlauchs 'Ambassador' (*Allium*-Hybride) ergänzen das Farbthema im Hochsommer eindrucksvoll.

Variante 2: Steppensalbei

Als wogendes Gräsermeer aus dem malerischen Lampenputzergras 'Cassian' (*Pennisetum alopecuroides*, Nr. 4) und dem Steppensalbei 'Caradonna' (*Salvia nemorosa*, Nr. 5) mit kräftigen violetten Farbakzenten überzeugt dieses puristische Beet-Modul. Der eindrucksvolle Granat-Kugellauch *(Allium atropurpureum)* ist das gestalterische Ausrufezeichen und der niedrigere Sternkugel-Lauch *(Allium christophii)* eine attraktive Ergänzung.

Anpassen und variieren

Die einzelnen Modul-Varianten können mehrmals nebeneinander platziert werden. Sie lassen sich aber auch sehr schön variieren und untereinander kombinieren. Die in den Varianten verwendeten Stauden können in größeren Gruppen von bis zu zehn Pflanzen einer Art bzw. Sorte gepflanzt werden, sodass jede beliebige Beetform möglich ist. Für eine strenge architektonische Wirkung können zwischen die einzelnen Module – egal, ob unterschiedliche oder gleiche Variante – niedrige Blöcke oder Halbkugeln aus formal geschnittener Eibe *(Taxus baccata)* platziert werden. So kommen die Stauden noch besser zur Geltung, und es entstehen kleine Gartenbühnen. Eine noch pflegeleichtere Variante entsteht durch zwischen die Module gesetzte Platten oder Kiesflächen.

Will man die Beet-Module verkleinern, lässt man einfach einzelne Rasterstreifen weg. Das jeweilige Farbthema können Sie mithilfe der Ergänzungsflanzen beliebig abwandeln. Wenn Sie dezente Farben bevorzugen, ersetzen Sie die Scheinsonnenhüte 'Flame Thrower' und 'Tomato Soup' durch die weiße Sorte 'Fragrant Angel'. Zwei Exemplare der Taglilie 'Little Grapette' *(Hemerocallis)* können das Garten-Reitgras 'Karl Foerster' ersetzen – eine etwas gewagte Variation.

Mögen Sie es mediterran, setzen Sie in der Variante 2 anstelle des Lampenputzergrases 'Cassian' den rosa blühenden Garten-Lavendel 'Miss Katherine' *(Lavandula angustifolia)* oder die blauviolett blühende Hohe Bart-Iris 'Lovely Again' *(Iris barbata-elatior)* als Blühpartner zum Steppensalbei 'Caradonna'. Die Beet-Variante auf den Seiten 118–119 zeigt, wie man die beiden Varianten an individuelle Wünsche anpassen kann.

Lebensbereich:

Lebensbereich Sonniges Beet (B 1–2)

UNTEN Die opulenten Blütenbälle des Riesen-Zierlauchs 'Ambassador' sehen auch nach der Blüte attraktiv aus und kommen im Zusammenspiel mit kontrastreichen Blühnachbarn wie dem Steppensalbei 'Caradonna' besonders gut zur Geltung.

Beet-Variante mit Modul 2: Sonniger Standort

Die beiden Varianten des Moduls wurden für diesen Bepflanzungsvorschlag variiert und zu einem größeren Beet zusammengesetzt.

Kühle Farben und formales Grün bilden das Thema dieses Bepflanzungsvorschlags zur Rahmung einer 4,8 × 3,2 m großen Terrasse. Er entstand auf Grundlage des aus zwei Varianten bestehenden Beet-Moduls 2 für sonnige Standorte.

In der Modul-Variante 1 wird der Scheinsonnenhut 'Flame Thrower' (*Echinacea*-Hybride, Nr. 2) durch die weiß blühende Sorte 'Fragrant Angel' (Nr. 6) ersetzt. An die Stelle der orange blühenden Scheinsonnenhut-Sorte 'Tomato Soup' (Nr. 3) tritt die malerische Miniatur-Taglilie 'Little Grapette' (*Hemerocallis*-Hybride, Nr. 7). Diese Taglilie ist ein willkommener Begleiter für das hohe, architektonisch aufrecht wachsende Garten-Reitgras 'Karl Foerster' (*Calamagrostis × acutiflora*, Nr. 1) und sorgt von Juni bis August mit weinroten Blüten für zurückhaltende Farbaspekte im Beet. Die so abgeänderte Modul-Variante 1 wurde zweifach verwendet und nebeneinandergesetzt. Ein 80 × 80 cm großer Eibenblock aus Pflanzen der Sorte 'Renkes Kleiner Grüner' (*Taxus baccata*, Nr. 8) bildet den formalen Beetabschluss.

Bei der Modul-Variante 2 wird ein Exemplar des Lampenputzergrases 'Cassian' (*Pennisetum alopecuroides*, Nr. 4) durch eine Eibenkugel 'Renkes Kleiner Grüner' (*Taxus baccata*, Nr. 8) ersetzt. Diese neue Eiben-Sorte ist schwachwüchsiger als die reine Art und für den Formschnitt kleinerer formaler Elemente bestens geeignet. Auch diese abgeänderte Modul-Variante 2 wird zweifach verwendet und durch einen 80 × 80 cm großen Eibenblock verbunden. Für die Eibenblöcke setzen Sie jeweils vier Exemplare entsprechend des 40-cm-Rasters. Für die Kugeln benötigen Sie jeweils nur ein Exemplar. Eine schöne Alternative für die Blöcke aus Eibe ist der Löffel-Ilex 'Dark Green' *(Ilex crenata)*. Er ist wüchsig, lässt sich ebenso gut in Form schneiden und erinnert im Aussehen an den Buchsbaum. Eine quadratische Kiesfläche verbindet beide Beetelemente und dient gleichzeitig zur Erschließung der Terrasse.

UNTEN Diese puristisch bepflanzte Rabatte lässt sich durch Wiederholung der einzelnen Abschnitte ganz einfach verlängern und auch für andere Zwecke verwenden – z. B. als attraktive Begleitung eines Wegs.

Beet-Variante mit Modul 2: Sonniger Standort

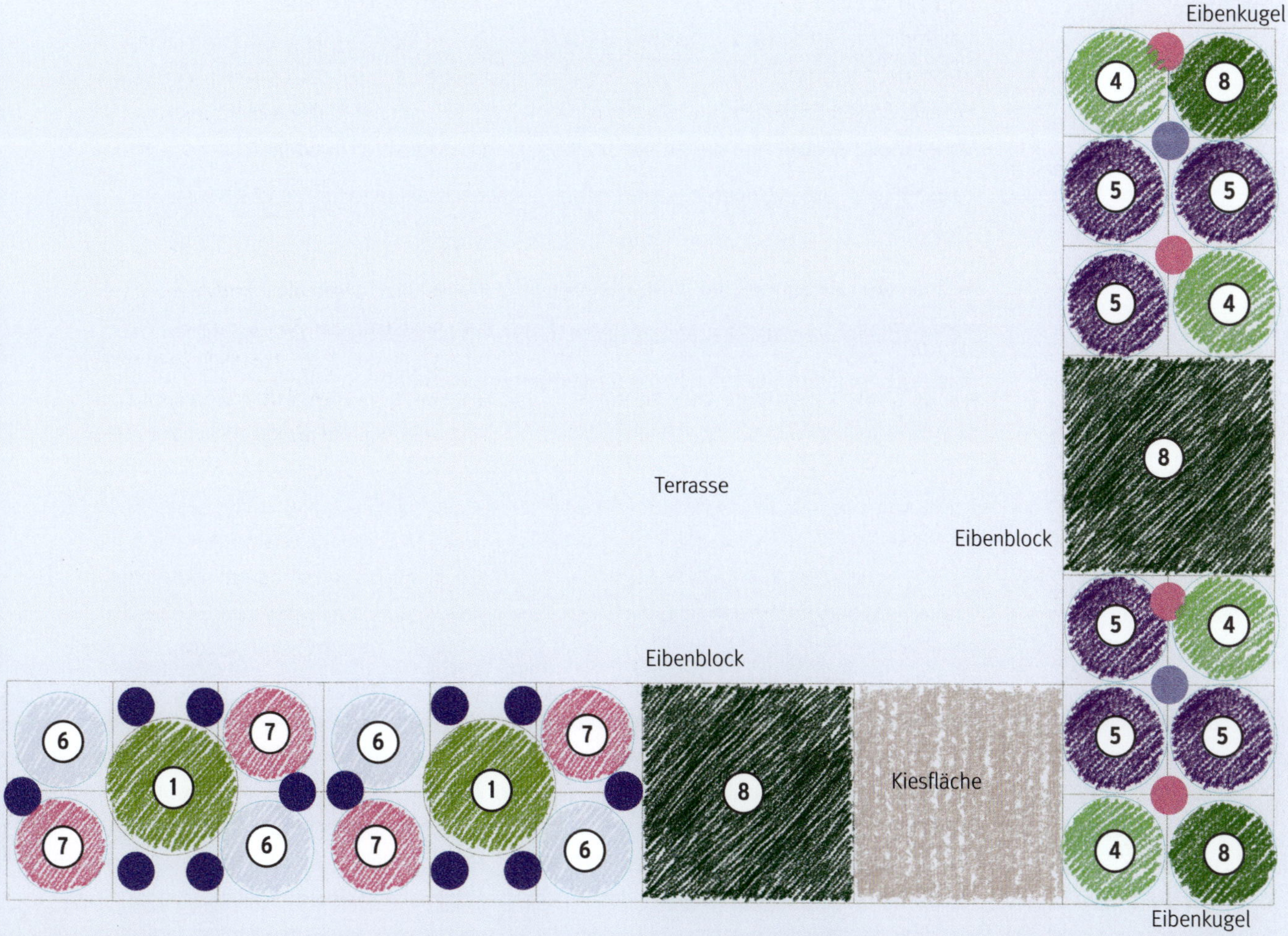

Einkaufsliste
Modulpflanzen

① *Calamagrostis × acutiflora* 'Karl Foerster' (2)
④ *Pennisetum alopecuroides* 'Cassian' (4)
⑤ *Salvia nemorosa* 'Caradonna' (6)

Ergänzungspflanzen

⑥ *Echinacea*-Hybride 'Fragrant Angel' (4)
⑦ *Hemerocallis*-Hybride 'Little Grapette' (4)
⑧ *Taxus baccata* 'Renkes Kleiner Grüner' (10)

Zwiebelpflanzen

- je 1 *Allium*-Hybride 'Ambassador' (12)
- je 3 *Allium atropurpureum* (12)
- je 3 *Allium christophii* (6)

Gräserbeete – pflegeleicht & stimmungsvoll

Manchmal müssen wir uns wieder bewusst werden, dass Gräser weite Teile unserer Kulturlandschaften in Europa prägen – denken Sie nur an die grünen Weiden und Wiesen und die Gräser am Wegesrand. Doch auch in öffentlichen Grünanlagen und in privaten Gärten haben Gräser schon lange Einzug gehalten und sind in den letzten Jahren immer beliebter geworden – sei es in naturnahen Pflanzungen zusammen mit Blütenstauden oder in moderner Form als pflanzlich-architektonisches Gestaltungselement. Das Angebot ist heute so vielfältig, dass sich für jeden Geschmack die passenden Arten und Sorten finden.

Wer auf der Suche nach aufregenden und lebendigen Pflanzenkompositionen ist, kommt an Gräsern einfach nicht vorbei. Die Gestaltungsmöglichkeiten sind nahezu unbegrenzt, und es ist eine Freude, sich aus dem großen Sortiment seine schönsten Lieblingsgräser auszusuchen.

Dass Gräser heute so beliebt sind, liegt auch an den vielen neuen durch Züchtungsarbeit entstandenen Sorten mit hohem Zier- und Gartenwert sowie an der Anspruchslosigkeit und Pflegeleichtigkeit der meisten Gräser.

Der große Gärtner und Staudenzüchter Karl Foerster (1874–1970) hat bereits zu Beginn des 20. Jahrhunderts den Wert der Ziergräser erkannt und für ihre Verwendung geworben. Sein viel zitierter Satz »Gräser sind das Haar der Mutter Erde« drückt sehr treffend die Bedeutung der Gräser für die Bepflanzung unserer Gärten aus.

Gräser bieten uns wahrhaftig vielfältige Gestaltungsmöglichkeiten, zum einen als reine Gräserbeete, aber auch im Zusammenspiel mit Blütenstauden. Im Herbst, wenn manch andere Stauden in sich zusammenfallen, trumpfen viele Gräser noch einmal mit einer teils spektakulären Herbstfärbung ihrer Blätter auf. Außerdem bleiben ihre häufig gegenüber Frost, Nässe und Schnee standhaften Halme und ihr Blattwerk auch in der kalten Jahreszeit erhalten und sorgen so bis zum kommenden Frühjahr für Struktur und attraktive Winterbilder im Beet.

Charakter

Eleganz, Transparenz, Lebendigkeit – die Welt der Ziergräser ist überaus vielgestaltig und geradezu zauberhaft. Sie reicht vom mächtigen Chinaschilf *(Miscanthus)* mit je nach Sorte bis zu 2 m hohen, fedrig silbrigen Blütenrispen über das straff aufrecht wachsende Garten-Reitgras (*Calamagrostis × acutiflora*) bis hin zu den malerisch überhängenden Lampenputzergräsern *(Pennisetum)* oder den immergrünen zierlichen Waldgräsern wie der wintergrünen Wald-Marbel *(Luzula sylvatica)*, die auch mit schwierigen Standorten unter eingewachsenen Gehölzen zurechtkommt und dort als Bodendecker gute Dienste leistet. Die vielgestaltigen, filigranen, oft auch transparenten Blütenstände, die sich im Zusammenspiel mit den schlanken flexiblen Halmen dem Spiel des Windes hingeben, machen den besonderen Reiz der Gräser aus. Sie bringen Lebendigkeit und Leichtigkeit ins Beet.
Auf Gräserbeeten spielen Blütenstauden eher eine Nebenrolle als Begleiter, indem sie den besonderen Charme der Gräser hervorheben. Gräserbeete können auch nur aus einer Art oder Sorte beste-

hen. Ihre Wirkung beruht dann auf der Reduzierung und einer streng-formalen Anordnung.

Integrationsmöglichkeiten in den Garten

Die Form- und Farbenvielfalt der Ziergräser lädt ein zum Gestalten, Kombinieren und Experimentieren. Dabei müssen wir keineswegs dem Vorbild der Natur und ihren Pflanzengesellschaften folgen. Gräser lassen sich nicht nur malerisch mit anderen Stauden nach den unterschiedlichen Lebensbereichen kombinieren, man kann sie auch in formaler Form in den Garten integrieren. Mit Gräsern lassen sich Beete gestalten, die moderne Architektur im Garten fortsetzen oder in besonderer Weise betonen. Hohe Gräser sind auch ideal als Sichtschutz – sei es an einer Terrasse, einem Sitzplatz im Garten oder vor einem Zaun.

Standortbedingungen

Natürlich müssen auch bei der Anlage von Gräserbeeten die unterschiedlichen Standortansprüche und Lebensbereiche berücksichtigt werden. Das gilt auch bei einer reduzierten, modernen Bepflanzung. Der wichtigste Standortfaktor ist das Licht, denn viele sonnenhungrige Gräser kommen bereits im Halbschatten nicht zur Blüte oder neigen zum Umknicken.
Es gibt Gräser für feuchte bis frische Standorte, aber auch Arten, die ausgesprochen viel Trockenheit tolerieren. Immergrüne Wald-Gräser bevorzugen dagegen schattige Plätze. Ihr Laub verbrennt in der Sonne schnell und wird dann unansehnlich. Die meisten Gartengräser wachsen willig in einem nicht zu nährstoffreichen, gut durchlässigen Boden, vertragen jedoch keine Staunässe, vor allem nicht im Winter.

Gestaltungsprinzipien und Hinweise zur Planung

Die filigrane Leichtigkeit der Gräser kommt im Kontrast zu Blütenstauden mit großen, klar konturierten Blüten oder Blättern besonders gut zur Geltung. Stimmig ausgewählt, steigern sie sich gegenseitig in ihrer Wirkung, wie z. B. die Blüten-

OBEN Mit den elegant überhängenden Blütenständen des Reiher-Federgrases lassen sich malerische Steppenpflanzungen kreieren. Hier umspielen sie die roten Blütenstände des Kugel-Lauchs und die violetten Blüten des Steppen-Blauschleiers 'Violetta'.

UNTEN Das Wollige Lampenputzergras besticht mit flauschigen Blütenwalzen, ist bei uns jedoch nicht ganz winterhart. Der einjährige Sonnenhut wird direkt ins Beet gesät und ist ein ausgezeichneter Lückenfüller.

bälle der Kugel-Distel 'Veitch's Blue' *(Echinops ritro)* oder die kräftigen Strahlenblüten der Schein-Sonnenhüte *(Echinacea)* in Kombination mit den rosafarbigen Blütenwolken des sonnenhungrigen Tautropfengrases *(Sporobolus heterolepis)*.

Viele Gräser eignen sich vorzüglich als Strukturbildner oder geben im Beet durch regelmäßige Wiederholung den Rhythmus an. Je nach Höhe und Wuchsform kann das im Beetvordergrund, in der Mitte oder im Beethintergrund sein. Wintergrüne Gräser sind besonders wertvoll, da sie dem Beet auch in der kalten Jahreszeit Farbe und Struktur verleihen. Malerisch überhängend wachsenden Gräsern sollten Sie genügend Raum im Beet lassen, damit sie im Lauf der Jahre ungestört ihre volle Schönheit entfalten können. Straff aufrecht wachsende Gräser wie das Garten-Reitgras *(Calamagrostis × acutiflora)* lassen sich auch sehr schön zu dichteren Gruppen kombinieren. In größeren Gruppen und lang gezogenen organisch geformten Bändern, sogenannten Drifts, wirken sie besonders eindrucksvoll, nehmen dann jedoch relativ viel Platz in Anspruch.

Achten Sie aber bitte immer darauf, horstig wachsende Gräser auszuwählen, wie es bei den Beet-Modulen und den Ergänzungpflanzen auch der Fall ist. Sie bilden keine Ausläufer, sondern wachsen an der für sie vorgesehenen Stelle und werden mit den Jahren nur im Umfang größer. Starkwüchsige, ausläuferbildende und invasive Gräser haben in einem Beet nichts zu suchen, denn sie unterdrücken das Wachstum der anderen Pflanzen und werden schnell zur Plage.

Bodenvorbereitung

Entsprechend den unterschiedlichen Standortansprüchen der Gräser muss der Boden gut vorbereitet werden. Die meisten Zier-Gräser vertragen keine Staunässe und wünschen sich daher einen lockeren, gut durchlässigen Boden, der nicht zu nährstoffreich sein sollte. Sehr lehmige und schlecht dränierte Böden müssen daher – nachdem alle Wurzelunkräuter restlos entfernt wurden – vor der Pflanzung abgemagert werden. Dies geschieht, indem der Boden zunächst tiefgründig umgegraben und gelockert wird. Anschließend arbeitet man etwas Kompost und eine größere Menge groben, gewaschenen Sand (0–2 mm Korngröße) oder feinen Splitt ein.

Pflanzung

Die Pflanzung sollte möglichst im Frühling ab Anfang April bis Ende Mai erfolgen. So haben empfindliche Gräser ausreichend Zeit einzuwachsen und werden den kommenden Winter gut überstehen. Achten Sie beim Pflanzen unbedingt auch darauf, dass die Gräser in der gleichen Höhe in den Boden kommen, wie sie im Plastikcontainer standen. Eine mindestens 3 cm dicke Schicht aus sehr feinem Rindenkorn oder Kompost, die auf die noch relativ großen freien Räume zwischen den frisch gepflanzten Gräsern aufgebracht wird, ist ein willkommener Verdunstungsschutz. Sie verringert zugleich das Aufkommen von Unkräutern und

erleichtert das Jäten. Gräser, die Trockenheit und Sonne lieben, kann man auch mit Splitt mulchen. Der Mulch sollte aber keinesfalls zu dick um die Gräser angehäuft werden, da hierdurch leicht Fäulnis im Wurzelbereich entstehen kann

Pflege übers Jahr

In den ersten beiden Jahren nach der Anlage sollten aufkommende Unkräuter regelmäßig gejätet werden, damit sich die jungen Gräser und Stauden ungestört zu ihrer vollen Größe entwickeln können. Jedes Jahr im zeitigen Frühjahr, also von Ende Februar bis März, müssen die Gräser bis auf 10–15 cm über dem Boden zurückgeschnitten werden. Dazu verwendet man am besten eine normale Gartenschere oder auch eine Heckenschere. Ihre Begleiter, die Blütenstauden, schneidet man bis knapp über den Boden zurück. Das Schnittgut sollte anschließend komplett vom Beet abgeräumt werden. Wintergrüne Gräser werden dagegen von Hand oder mithilfe einer kleinen Harke vorsichtig ausgeputzt.

Wenn Gräser nach einigen Jahren blühfaul werden, aus der Mitte heraus verkahlen oder einfach zu mächtig geworden sind, sollten sie geteilt werden. Diese Verjüngung dient auch der Vermehrung. Das geschieht am besten im Frühjahr. Der Gräserhorst wird mit dem Spaten umstochen und aus der Erde gehoben. Dann teilt man ihn mit dem Spaten oder der Grabegabel in mehrere Teilstücke. Ein bis zwei Teilstücke werden an gleicher Stelle sofort wieder in den Boden gesetzt. Dabei verbessert man den Boden gleich mit organischem Langzeitdünger und etwas Kompost. Die restlichen Teilstücke kann man verschenken oder an anderer Stelle im Garten verwenden.
Einige Gräser benötigen Winterschutz wie zum Beispiel das beliebte Pampasgras *(Cortaderia)*. Es verträgt vor allem keine Winternässe. Daher sollten die Halme im Herbst schopfartig zu einem Bündel zusammengebunden werden. So dringt weniger Wasser in den Horst ein. Anschließend wird das Gras im Wurzelbereich mit einer Decke aus Laub und Reisig vor Frost geschützt.

OBEN LINKS Das Diamantgras blüht erst im Herbst, doch schon jetzt im August ist es ein attraktiver Partner für Spinnenblume und Scheinsonnenhut.

OBEN RECHTS Einige hohe, straff aufrecht wachsende Gräser wie das Garten-Reitgras 'Karl Foerster' treiben sehr früh aus und eignen sich gut als natürlicher Sichtschutz.

RECHTS Die silbrig-rosa funkelnden Blütenähren des Diamantgrases und blauviolette Astern bringen im September neuen Glanz in dieses Staudenbeet. Das Laub der schon lange verblühten Pfingstrosen färbt sich in den Spitzen bereits orange und ergänzt die frühherbstliche Stimmung aufs Beste.

Gräserbeete Modul 1: Moderner Sichtschutz

Wenn Sie keinen großen Wert auf die üblichen Sichtschutzelemente aus Holz legen, sondern von der Terrasse oder einem Sitzplatz im Garten lieber auf malerische Gräser und Blütenstauden schauen, ist dieses Gräserbeet-Modul eine interessante Alternative. Es lässt sich zudem gut an jede Größe anpassen.

STANDORT:
frei, vollsonnig
BODEN:
gut durchlässig, lehmig-humos, nährstoffreich, keine Staunässe
MASSE:
1,6 × 2 m

Einkaufsliste

① *Calamagrostis × acutiflora* 'Karl Foerster' (4)
② *Sporobolus heterolepis* (3)
③ *Echinacea purpurea* 'Augustkönigin' (2)
④ *Salvia nemorosa* 'Amethyst' (5)
⑤ *Hemerocallis* 'Summer Wine' (2)
⑥ *Pennisetum alopecuroides* var. *viridescens* (3)

Zwiebelpflanzen
● je 3 *Allium nigrum* (9)

Pflanzplan im Maßstab 1:20

Modulpflanzen im Porträt

◀ **Reitgras**
Calamagrostis × *acutiflora* 'Karl Foerster'

Standort: ☼ Fr 1–2, B 1–2
Höhe/Wuchs: 150 cm, horstig, straff aufrecht

Blüte: Juni–Aug., silbrig-rosa
Pflege: kompletter Rückschnitt im Frühjahr

Arten/Sorten: 'Waldenbuch': 160 cm, Juli–Aug., gelbweiß

▶ **Scheinsonnenhut**
Echinacea purpurea 'Augustkönigin'

Standort: ☼ B 1–2, Fr 1–2
Höhe/Wuchs: 90 cm, horstig, straff aufrecht

Blüte: Juli–Aug., purpurrosa
Pflege: keine Staunässe, Rückschnitt nach der Blüte, düngen

Arten/Sorten: 'Pink Double Delight': 60 cm, Juli–Sept., rosa, halbgefüllt

◀ **Taglilie**
Hemerocallis 'Summer Wine'

Standort: ☼ B 2, Fr 2, GR 2
Höhe/Wuchs: 50 cm, horstig, überhängend

Blüte: Juni–Juli, helles Weinrot
Pflege: düngen, abgeblühte Stiele entfernen, im Herbst ganz zurückschneiden

Arten/Sorten: 'El Desperado': 70 cm, Juli–Aug., hellgelb mit roter Mitte

▶ **Lampenputzergras**
Pennisetum alopecuroides var. *viridescens*

Standort: ☼ Fr 2, B 2
Höhe/Wuchs: 80 cm, horstig, buschig überhängend

Blüte: Aug.–Okt., schwarzbraun
Pflege: bei Trockenheit gießen, im Frühjahr ganz zurückschneiden, bei Blühfaulheit teilen

Arten/Sorten: 'Herbstzauber': 100 cm, silberbraun, besonders schöne Herbstfärbung

◀ **Steppensalbei**
Salvia nemorosa 'Amethyst'

Standort: ☼ B 1–2, Fr 1–2
Höhe/Wuchs: 70 cm, hostig, straff aufrecht

Blüte: Juni, Sept., purpurviolett, rosa
Pflege: nach der Blüte komplett zurückschneiden

Arten/Sorten: 'Tänzerin': 80 cm, blauviolett

▶ **Tautropfengras**
Sporobolus heterolepis

Standort: ☼ Fr 1–3
Höhe/Wuchs: 40 cm, horstig, filigran überhängend

Blüte: Aug.–Sept., silberbraun
Pflege: im Frühjahr ganz zurückschneiden

Arten/Sorten: 'Cloud': 40 cm, silberbraun, rote Halme

Blühkalender: Moderner Sichtschutz

Nr.	Botanischer Name	Deutscher Name	Höhe (cm)	I	II	III	IV	V	VI	VII	VIII	IX	X	XI	XII	Pflanzabstand (cm)	Pflanzen/ qm
	Stauden																
	Aster pringlei 'Pink Star'	Myrten-Aster	130													50	4
③	*Echinacea purpurea* 'Augustkönigin'	Scheinsonnenhut	90													35	8
	Echinacea purpurea 'Sunrise'	Scheinsonnenhut	80													35	8
	Echinops bannaticus 'Taplow Blue'	Kugeldistel	120													60	2
	Helenium-Hybride 'Double Trouble'	Sonnenbraut	80													55	3
⑤	*Hemerocallis* 'Summer Wine'	Taglilie	50													60	2
④	*Salvia nemorosa* 'Amethyst'	Steppensalbei	70													35	8
	Gräser																
①	*Calamagrostis × acutiflora* 'Karl Foerster'	Reitgras	140													60	2
	Miscanthus sinensis 'Morning Light'	Weißbuntes Chinaschilf	150													60	2
	Panicum virgatum 'Northwind'	Rutenhirse	170													60	2
⑥	*Pennisetum alopecuroides* var. *viridescens*	Lampenputzergras	80													60	2
②	*Sporobolus heterolepis*	Tautropfengras	40													40	6
	Zwiebelpflanzen																
	Allium nigrum	Zierlauch (▶ Seite 165)	80													40	6

Modulpflanzen   Ergänzungspflanzen

Gräserbeete Modul 1

Moderner Sichtschutz

Das straff aufrechte Garten-Reitgras 'Karl Foerster' (*Calamagrostis × acutiflora*, Nr. 1) macht dieses moderne, klar strukturierte Gräserbeet-Modul zu einem idealen, leicht transparenten Sichtschutz für eine sonnige Terrasse. Mit seiner frühen silbrig-rosa Blüte bietet dieses Ziergras schon im Juni, wenn die Gartensaison erst richtig beginnt, einen attraktiven Anblick. Seine Begleiter, der Scheinsonnenhut 'Augustkönigin' (*Echinacea*-Hybride, Nr. 3) und die filigranen Blütenwolken des leicht nach Honig duftenden Tautropfengrases (*Sporobolus heterolepis*, Nr. 2) stehen kontrastreich in vorderster Reihe, während die Blütenkerzen des Steppensalbeis 'Amethyst' (*Salvia nemorosa*, Nr. 4) sich wie ein leuchtendes Band durchs Beet ziehen. Im Mai und Juni setzen die weißen, halbkugeligen Blüten des Zierlauchs *(Allium nigrum)* auf hohen Stielen elegante Blickpunkte ins Beet.

Damit das Beet auf beiden Seiten blühende Akzente bietet, wird das Garten-Reitgras zur anderen Seite hin eingerahmt, und zwar von einem Band aus Taglilien der großblütigen Sorte 'Summer Wine' (*Hemerocallis*, Nr. 5) in hellem Weinrot sowie einer Variante des Lampenputzergrases (*Pennisetum alopecuroides* var. *viridescens*, Nr. 6), die sich durch dunkle Blütenwalzen auszeichnet.

Anpassen und variieren

Dieses Gräserbeet-Modul kann beliebig verlängert oder verkürzt werden. Lassen Sie einfach nach Bedarf Rasterstreifen weg oder fügen Sie weitere hinzu. Bedenken Sie aber, dass die schönste Wirkung ein möglichst langes Beet erzielt. Auch in der Breite kann das Modul variiert werden, indem Sie einzelne oder mehrere Reihen, zum Beispiel den Steppensalbei und/oder die Taglilie weglassen. Das Farbthema lässt sich wie bei allen Modulen auch hier problemlos an Ihre Wünsche anpassen. Bevorzugen Sie warme Gelbtöne, ersetzen Sie den rosa Scheinsonnenhut 'Augustkönigin' (*Echinacea*-Hybride) durch die in zartem Gelb blühende Sorte 'Sunrise' und den rosa Steppensalbei 'Amethyst' durch die in warmem Gelb blühende Sonnenbraut 'Double Trouble' (*Helenium*-Hybride).

Die stahlblauen Blütenbälle der Kugeldistel 'Taplow Blue' *(Echinops bannaticus)* bringen dagegen kühle Eleganz ins Beet. Zusammen mit der graugrünen Rutenhirse 'Northwind' *(Panicum virgatum)* oder dem Weißbunten Chinaschilf 'Morning Light' *(Miscanthus sinensis)*, die als Ersatz für das Garten-Reitgras 'Karl Foerster' dienen können, entsteht eine ganz andere, kühlere Stimmung im Beet. Für einen sehr späten Blühaspekt ersetzt man in der vordersten Beetreihe den Scheinsonnenhut 'Augustkönigin' durch die Myrten-Aster 'Pink Star' *(Aster pringlei)*.

Lebensbereich:
trockene bis frische Freifläche/Beet (Fr 1–2, B 1–2)

UNTEN Die igelartigen Blütenköpfchen des Scheinsonnenhuts ziehen Insekten magisch an.

Gräserbeete Modul 2: Malerische Insel

Attraktive Solitärgräser aus aller Welt wie das südamerikanische Pampasgras oder das aus Ostasien stammende Diamantgras finden sich in diesem malerischen Gräserbeet-Modul zu einer harmonischen Einheit zusammen. Farbenfrohe Blütenstauden in leuchtend bunten Farben ergänzen das Bild vortrefflich.

STANDORT:
frei, sonnig

BODEN:
locker, gut durchlässig, lehmig-humos und nährstoffreich, keine Staunässe

MASSE:
Oval, 2,8 × 1,6 m

Einkaufsliste

① *Cortaderia selloana* 'Pumila' (1)

② *Anemanthele lessoniana* (7)

③ *Panicum virgatum* 'Dallas Blues' (1)

④ *Aster dumosus* 'Blauer Gletscher' (9)

⑤ *Calamagrostis brachytricha* (2)

⑥ *Geranium*-Hybride 'Pink Penny' (2)

Zwiebelpflanzen

● je 5 *Allium sphaerocephalon* (35)

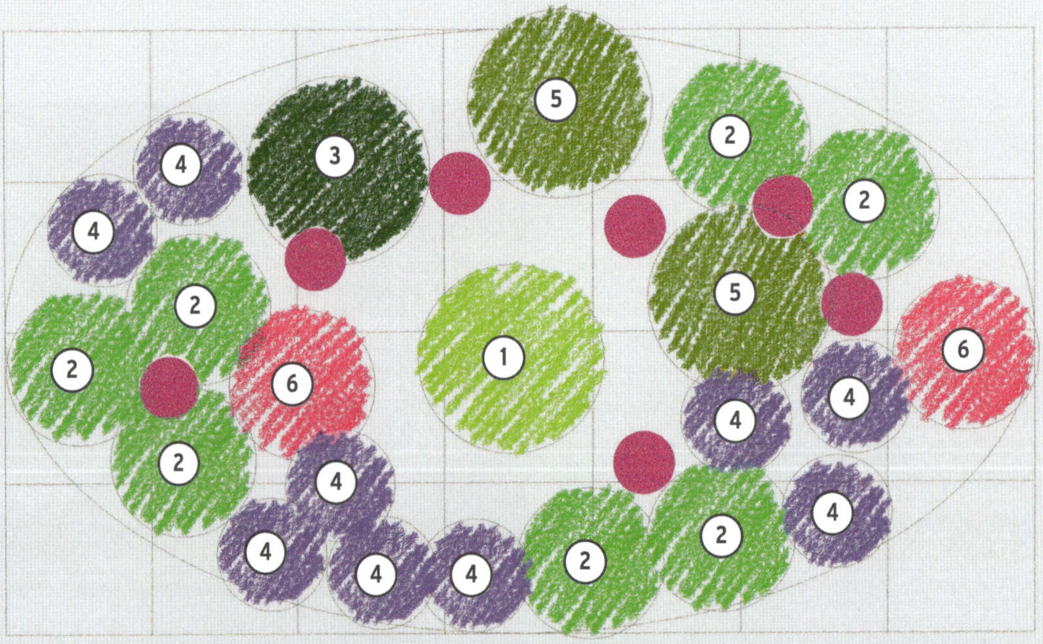

Pflanzplan im Maßstab 1:20

Modulpflanzen im Porträt

◄ Neuseeland-Windgras
Anemanthele lessoniana

Standort: ☼ ◑
Fr 2–3
Höhe/Wuchs: 60 cm, horstig, überhängend, wintergrün

Blüte: Aug.–Sept., bräunlich
Pflege: Schutz aus Laub und Reisig bei Kahlfrösten, Frühjahrspflanzung empfohlen

Arten/Sorten: 'Sirocco': 50 cm, Aug.–Okt., rotbraun, besonders schöne, orange Herbstfärbung

► Kissenaster
Aster dumosus
'Blauer Gletscher'

Standort: ☼
B 2, Fr 2
Höhe/Wuchs: 30 cm, flächig, bildet Ausläufer

Blüte: Sept.–Okt., blauviolett
Pflege: Rückschnitt nach der Blüte, alle 3–4 Jahre teilen und neu pflanzen

Arten/Sorten: 'Herbstgruß vom Bresserhof': 40 cm, Sept.–Okt., rosarot; 'Niobe': 40 cm, Sept.–Okt., weiß

◄ Diamantgras
Calamagrostis brachytricha

Standort: ☼
B 2, Fr 2, GR 2
Höhe/Wuchs: 70 cm, horstig, straff aufrecht

Blüte: Sept.–Okt., silbrig-rosa
Pflege: im Frühjahr bis zum Boden zurückschneiden

Arten/Sorten: –

► Pampasgras
Cortaderia selloana
'Pumila'

Standort: ☼
Fr 2, B 2
Höhe/Wuchs: horstig, überhängend

Blüte: Sept.–Nov., silberweiß
Pflege: Rückschnitt nur im Frühjahr, dann Kompost und Hornspäne geben, Winterschutz

Arten/Sorten: 'Evita': 150 cm, Aug.–Okt., hellgelb, sehr frosthart

◄ Storchschnabel
Geranium-Hybride
'Pink Penny'

Standort: ☼ ◑
B 2, Fr 2
Höhe/Wuchs: 40 cm, horstig, breit lagernd

Blüte: Juli–Nov., purpurrosa
Pflege: bei Bedarf nach der Blüte ganz zurückschneiden, Frühjahrspflanzung empfohlen

Arten/Sorten: 'Tiny Monster': 40 cm, Juli–Sept., magenta; 'Johnson's Blue': 40 cm, Juni–Aug., blau

► Rutenhirse
Panicum virgatum
'Dallas Blues'

Standort: ☼
Fr 2, GR 2, B 2
Höhe/Wuchs: 150 cm, locker horstig, aufrecht

Blüte: Juli–Sept. bräunlich violett
Pflege: im Frühjahr zurückschneiden, zu groß gewordene Horste abstechen oder teilen

Arten/Sorten: 'Northwind': 170 cm, graugrün, sehr standhaft und robust

Blühkalender: Malerische Insel

Nr.	Botanischer Name	Deutscher Name	Höhe (cm)	I	II	III	IV	V	VI	VII	VIII	IX	X	XI	XII	Pflanzabstand (cm)	Pflanzen/qm
	Stauden																
⑧	*Achillea filipendulina* 'Coronation Gold'	Schafgarbe (▶ Seite 164)	70													50	4
④	*Aster dumosus* 'Blauer Gletscher'	Kissenaster	30													30	11
⑥	*Geranium*-Hybride 'Pink Penny'	Storchschnabel	40													40	6
⑨	*Salvia nemorosa* 'Schneehügel'	Steppensalbei (▶ Seite 172)	40													35	8
	Sedum-Hybride 'Matrona'	Hohe Fetthenne	60													45	4
	Verbena bonariensis	Patagonisches Eisenkraut	120													35	8
	Gräser																
②	*Anemanthele lessoniana*	Neuseeland Windgras	60													30	11
⑤	*Calamagrostis brachytricha*	Diamantgras	70													70	2
①	*Cortaderia selloana* 'Pumila'	Pampasgras	150													90	1
	Miscanthus sinensis 'Adagio'	Zwerg-Chinaschilf	130													90	1
③	*Panicum virgatum* 'Dallas Blues'	Rutenhirse	150													80	1
⑦	*Panicum virgatum* 'Shenandoah'	Rutenhirse (▶ Seite 47)	120													50	4
⑩	*Pennisetum alopecuroides* 'Hameln'	Lampenputzergras (▶ Seite 47)	60													70	2
	Zwiebelpflanzen																
	Allium sphaerocephalon	Kugel-Lauch (▶ Seite 165)	80													25	16

Modulpflanzen   Ergänzungspflanzen

Gräserbeete Modul 2

Malerische Insel

Das mächtige argentinische Pampasgras 'Pumila' (*Cortaderia selloana*, Nr. 1) mit seinen riesigen, silbrig-weißen Blütenfackeln gibt in diesem Modul den Ton an. Es ist eine sehr robuste, kompakt wachsende Sorte des Pampasgrases, die bis zu 1,8 m hoch wird. Die Rutenhirse-Sorte 'Dallas Blues' (*Panicum virgatum*, Nr. 3) mit ihren sehr breiten, elegant überhängenden Blättern ist ein faszinierender Gräsertraum in elegantem Blaugrau. Ihre Begleiter beeindrucken auf dezentere, aber ebenfalls sehr wirkungsvolle Weise. Das sanft wiegende Laub des Neuseeland-Windgrases (*Anemanthele lessoniana*, Nr. 2) ist wintergrün und beginnt sich bereits im Hochsommer gelb, orange und rötlich zu verfärben. Das Diamantgras (*Calamagrostis brachytricha*, Nr. 5) wird Sie verzaubern, wenn sich an den filigranen, im September erscheinenden Blütenähren die morgendlichen Tautropfen einfangen und wie unzählige kleine Diamanten funkeln. Zwischen den malerischen Gräsern bilden die zierlichen purpurfarbenen Köpfchen des Kugel-Lauchs *(Allium sphaerocephalon)* in Kombination mit den weithin leuchtenden Blüten des Storchschnabels 'Pink Penny' (*Geranium*-Hybride, Nr. 6) in Purpurrosa im Hochsommer ein zauberhaftes Kontrastprogramm.
Die niedrige Kissenaster 'Blauer Gletscher' (*Aster dumosus*, Nr. 4) legt sich wie ein grüner Teppich vor die mächtigen Gräser und ist gleichzeitig ein schöner Beetabschluss. Ab September setzt sie mit ihren unzähligen kleinen Strahlenblüten frische, blauviolette Farbakzente ins Beet.

Anpassen und variieren

Dieses Gräserbeet-Modul sollte möglichst nicht verkleinert werden, denn dadurch verliert es seine bezaubernde Wirkung. Es ist von allen Seiten ein attraktiver Anblick und lässt sich sehr schön auch in eine kleinere Rasenfläche platzieren, wodurch eine spannungsvolle Raumwirkung entsteht.
Wenn Sie eine größere Form wünschen, können Sie die Anzahl der niedrigeren Begleiter der Solitärgräser, also Kissenaster und Neuseeland-Windgras, im Beetvordergrund erhöhen oder Stauden aus der Palette der Ergänzungspflanzen dazupflanzen, etwa den weiß blühenden Steppensalbei 'Schneehügel' *(Salvia nemorosa)* und die purpur-graulaubige Hohe Fetthenne 'Matrona' (*Sedum*-Hybride).
Die Rutenhirse 'Dallas Blues' können Sie durch die Sorte 'Shenandoah' ersetzen, eine besonders attraktive und ausgefallene Farbvariation in leuchtendem Bordeauxrot und ein schöner Hintergrund für das Pampasgras. Letzteres ist allerdings etwas empfindlich. In klimatisch rauen Regionen pflanzen Sie stattdessen besser das winterharte Zwerg-Chinaschilf 'Adagio' (*Miscanthus sinensis*).
Wünschen Sie mehr Blütenstauden im Beet, ist die gelb blühende Schafgarbe 'Coronation Gold' *(Achillea filipendulina)* eine schöne Alternative für das Neuseeland-Windgras. Auch das Patagonische Eisenkraut *(Verbena bonariensis)* macht sich gut in diesem Beet. Es ist bei uns nicht sicher winterhart, als typischer Vagabund samt es sich aber willig immer wieder aus.
Die Beet-Variante auf den Seiten 134–135 zeigt eine Möglichkeit, wie sich dieses ovale Gräserbeet-Modul mit Ergänzungspflanzen in eine große, kreisförmige Gräserbeet-Insel verwandeln lässt.

Lebensbereich:
trockene bis frische Freifläche (Fr 1–2)

UNTEN Schafgarben sind perfekte Begleiter für Gräser. Mit ihren Blütendolden, die häufig farblich changieren und die es inzwischen in vielen Nuancen gibt, lassen sich herrliche Kontraste bilden.

Beet-Variante mit Modul 2: Malerische Insel

Das Modul wird mit Ergänzungspflanzen zu einem kreisrunden Beet mit 3 m Durchmesser vergrößert.

Haben Sie eine große, freie Rasenfläche in Ihrem Garten? Dann können Sie diese »Malerische Gräserinsel« als ein willkommenes Gestaltungselement zur spannungsvollen Raumgliederung integrieren. Der Pflanzplan dieses Inselbeets mit einem Durchmesser von 3 m ist so konzipiert, dass man aus jedem Blickwinkel variierende, attraktive Pflanzenbilder genießen kann. Die bereits im Modul verwendete Kissenaster 'Blauer Gletscher' (*Aster dumosus*, Nr. 4) und das Neuseeland-Windgras (*Anemanthele lessoniana*, Nr. 2) wurden durch einige zusätzliche Exemplare ergänzt. Die beiden Diamantgräser (*Calamagrostis brachytricha*, Nr. 5) wurden zu einer Dreiergruppe vergrößert und ein weiteres Exemplar der Rutenhirse 'Dallas Blue' (*Panicum virgatum*, Nr. 3) wurde hinzugefügt. Mit weiteren Gräsern und Stauden aus der Palette der Ergänzungspflanzen kommen neue Farb- und Blühaspekte hinzu. Die roten Halme der Rutenhirse 'Shenandoah' (*Panicum virgatum*, Nr. 7) setzen einen kontrastreichen Farbaspekt ins Beet und werden im Herbst die anderen Gräser, die sich dann ebenfalls gelb und orange verfärben, aufs Schönste ergänzen.

Im Beetvordergrund setzen nun die Horste des Lampenputzergrases 'Hameln' (*Pennisetum alupecuroides*, Nr. 10) im Zusammenspiel mit der goldgelb blühenden Schafgarbe 'Coronation Gold' (*Achillea filipendulina*, Nr. 8) und dem kompakten, weiß blühenden Steppensalbei 'Schneehügel' (*Salvia nemorosa*, Nr. 9) neue Akzente.

Dieses Inselbeet benötigt etwas Platz im Garten. Man kann es nicht nur in die Rasenfläche oder eine größere Kiesfläche platzieren, sondern durch Überschneidung in eine größere, rechteckige oder runde Terrasse einschieben.

Rutenhirse und Lampenputzergras sollten nur im Frühling gepflanzt oder geteilt werden, um bis zum Winter sicher anwachsen zu können. Da sie bis in den Winter hinein im Beet eine Zierde sind, lässt man die Halme und Rispen stehen und schneidet sie erst im Frühling zurück.

UNTEN Diese malerische Gräserinsel benötigt ein paar Jahre, bis die Gräser ihre volle Schönheit entfaltet haben, doch dann erfreut sie – bei wenig Pflegeaufwand – jedes Jahr aufs Neue.

Beet-Variante mit Modul 2: Malerische Insel

Einkaufsliste Modulpflanzen

① *Cortaderia selloana* 'Pumila' (1)
② *Anemanthele lessoniana'* (9)
③ *Panicum virgatum* 'Dallas Blues' (2)
④ *Aster dumosus* 'Blauer Gletscher' (13)
⑤ *Calamagrostis brachytricha* (3)
⑥ *Geranium*-Hybride 'Pink Penny' (2)

Zwiebelpflanzen

● je 5 *Allium sphaerocephalon* (35)

Ergänzungspflanzen

⑦ *Panicum virgatum* 'Shenandoah' (1)
⑧ *Achillea filipendulina* 'Coronation Gold' (4)
⑨ *Salvia nemorosa* 'Schneehügel' (8)
⑩ *Pennisetum alopecuroides* 'Hameln' (6)

Gräserbeete Modul 3: Sonniges Farbenspiel

Weniger ist oft mehr – das trifft auch auf dieses Beet-Modul »Sonniges Farbenspiel« zu, eine stimmige Pflanzenkomposition, in der lediglich eine Gräserart, die bezaubernde Rasenschmiele 'Goldschleier', von Blütenstauden in warmen, leuchtenden Sommerfarben aufs Schönste begleitet wird.

STANDORT:
sonnig bis halbschattig

BODEN:
locker, gut durchlässig, nicht zu trocken bis frisch

MASSE:
kreisförmig, Durchmesser: 1,2 m

Einkaufsliste

1. *Deschampsia cespitosa* 'Goldschleier' (2)
2. *Hemerocallis*-Hybride 'Burning Daylight' (1)
3. *Echinacea* 'Orange Luxury' (2)
4. *Echinacea purpurea* 'Fatal Attraction' (1)
5. *Achillea Filipendulina*-Hybride 'Hella Glashoff' (1)

Zwiebelpflanzen

- je 5 *Narcissus* 'Jack Snipe' (20)
- je 3 *Allium*-Hybride 'Mount Everest' (3)

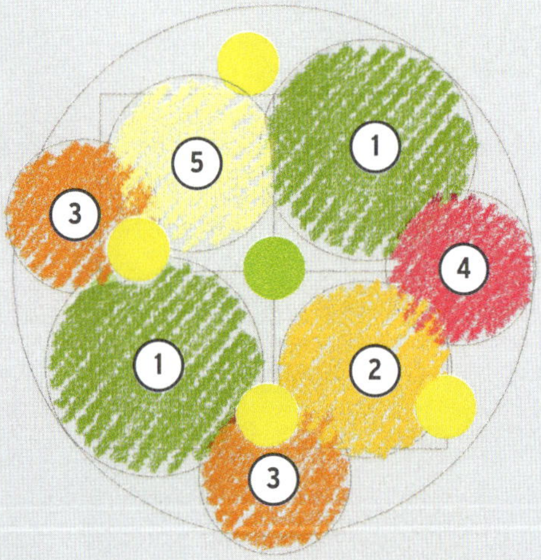

Pflanzplan im Maßstab 1:20

Modulpflanzen im Porträt

◄ Schafgarbe
Achillea Filipendulina-Hybride 'Hella Glashoff'

Standort:
☼
B 2, Fr 2
Höhe/Wuchs:
60 cm, horstig, buschig aufrecht

Blüte: Juni–Juli, Sept., cremegelb
Pflege: Verblühtes abschneiden, nach 3–4 Jahren teilen, Rückschnitt im Herbst

Arten/Sorten:
'Terracotta': 60 cm, ziegelrot bis gelblich; 'Helios': 50 cm, gelb

► Rasenschmiele
Deschampsia cespitosa 'Goldschleier'

Standort:
☼ ◑
GR 2–3, Fr 2–3
Höhe/Wuchs:
90 cm, horstig, überhängend

Blüte: Juni–Aug., hellgelb
Pflege: Rückschnitt vor der Samenreife oder im Frühjahr

Arten/Sorten:
'Bronzeschleier': 100 cm, Juni–Juli, goldbraun

◄ Scheinsonnenhut
Echinacea purpurea 'Fatal Attraction'

Standort:
☼
B 1–2, Fr 1–2
Höhe/Wuchs:
70 cm, horstig, straff aufrecht

Blüte: Juli–Sept., magenta
Pflege: Rückschnitt der Stiele nach der Blüte, düngen, keine Staunässe

Arten/Sorten:
'Little Magnus': 50 cm, rosa

► Scheinsonnenhut
Echinacea 'Orange Luxury'

Standort:
☼
B 1–2, Fr 1–2
Höhe/Wuchs:
120 cm, horstig, straff aufrecht

Blüte: Juli–Aug., orange bis lachsorange
Pflege: keine Staunässe, Rückschnitt der Stiele nach der Blüte, düngen

Arten/Sorten:
'Hot Papaya': 80 cm, Juli–Sept., dunkelorange, gefüllt, pomponartig

◄ Taglilie
Hemerocallis-Hybride 'Burning Daylight'

Standort:
☼
B 2, Fr 2, GR 2
Höhe/Wuchs:
60 cm, horstig, überhängend

Blüte: Juli–Sept, orangegelb
Pflege: düngen, abgeblühte Stiele entfernen, im Herbst ganz zurückschneiden

Arten/Sorten:
'Mauna Loa': 60 cm, Juni–Aug., orange; *Hemerocallis citrina*: 100 cm, Juni–Sept., hellgelb

Blühkalender: Sonniges Farbenspiel

Nr.	Botanischer Name	Deutscher Name	Höhe (cm)	I	II	III	IV	V	VI	VII	VIII	IX	X	XI	XII	Pflanzabstand (cm)	Pflanzen/qm
	Stauden																
⑤	*Achillea Filipendulina*-Hybride 'Hella Glashoff'	Schafgarbe	60													40	6
⑥	*Achillea Millefolium*-Hybride 'Pomegranate'	Schafgarbe (▶ Seite 164)	60													40	6
	Cortia wallichiana	Feinblättrige Silge	90													80	1
④	*Echinacea purpurea* 'Fatal Attraction'	Scheinsonnenhut	70													35	8
③	*Echinacea* 'Orange Luxury'	Scheinsonnenhut	120													35	8
②	*Hemerocallis*-Hybride 'Burning Daylight'	Taglilie	60													60	2
	Hemerocallis-Hybride 'Crimson Pirate'	Taglilie	80													60	2
	Gräser																
	Chasmanthium latifolium	Plattähren-Gras	80													60	2
①	*Deschampsia cespitosa* 'Goldschleier'	Rasenschmiele	90													60	2
⑦	*Panicum virgatum* 'Rehbraun'	Rutenhirse (▶ Seite 171)	120													60	2
	Zwiebelpflanzen																
	Allium atropurpureum	Granat-Kugellauch	120													20	30
	Allium-Hybride 'Mount Everest'	Zierlauch (▶ Seite 165)	120													20	30
	Narcissus 'Jack Snipe'	Cyclamineus-Narzisse (▶ Seite 170)	35													10	50
	Tulipa praestans 'Shogun'	Wildtulpe (▶ Seite 172)	15													10	100

Modulpflanzen   Ergänzungspflanzen

Gräserbeete Modul 3

Sonniges Farbenspiel

Für dieses Gräserbeet-Modul ist nur ein Ziergras vorgesehen, die wunderschöne Rasenschmiele 'Goldschleier' (*Deschampsia cespitosa*, Nr. 1). Ihre immergrünen Horste bilden das Grundgerüst dieses sehr variablen Moduls. Mit den bereits im Frühsommer erscheinenden gelben Ährchen, die sich tatsächlich wie ein Goldschleier über das Beet legen, wird Sie dieses Gras mit seiner Verspieltheit und Transparenz überzeugen. Als Begleiter setzen die Taglilie 'Burning Daylight' (*Hemerocallis*-Hybride, Nr. 2) und der Scheinsonnenhut 'Orange Luxury' (*Echinacea*, Nr. 3) mit klar konturierten orangefarbenen Blüten schöne Kontrapunkte dazwischen.

Für einen gewagten Farbkontrast sorgt der Scheinsonnenhut 'Fatal Attraction' (*Echinacea purpurea*, Nr. 4) mit seinen kompakten Blüten in etwas schrillem Purpurrosa. Die zarten hellgelben Blütendolden der Schafgarbe 'Hella Glashoff' (*Achillea Filipendulina*-Hybride, Nr. 5) bilden da einen willkommenen ruhigen farblichen Gegenpol. Auch im Frühling müssen Sie bei diesem Beet-Modul nicht auf Blühaspekte verzichten, denn dann erscheinen die kleinen weiß-gelben Trompetenblüten der Cyclamineus-Narzisse 'Jack Snipe' (*Narcissus*), und von Mai bis Juni erheben sich die weißen Blütenbälle des Zierlauchs 'Mount Everest' (*Allium*-Hybride) über das Gräserbeet.

Vor einer formal geschnittenen grünen Hecke oder einem Solitärgehölz kommen die Farben besonders gut zur Wirkung. Sie können das Modul auch mehrfach verwenden und als Inselgruppe in eine Rasen- oder Kiesfläche setzen.

Anpassen und variieren

Dieses Gräserbeet-Modul besteht lediglich aus vier verschiedenen Stauden und einem Gras, es lässt sich jedoch mit verschiedenen Ergänzungspflanzen vielfältig variieren.

Die Rasenschmiele 'Goldschleier' kann nach Belieben zum Beispiel gegen die Rutenhirse 'Rehbraun' (*Panicum virgatum*) ausgetauscht werden, die schon im August mit ihren leuchtenden rehbraunen Blattspitzen für Aufsehen sorgt. Auch die Feinblättrige Silge (*Cortia wallichiana*) kann als Ersatz für ein Gras verwendet werden. Diese recht viel Platz beanspruchende, beeindruckende Staude mit ihrem fein gefiederten hellgrünen Laub, den rötlichen Stielen und den riesigen weißen Doldenblüten zieht alle Blicke auf sich. Besonders schön wirkt sie in Kombination mit den purpurroten Blüten des Scheinsonnenhuts 'Fatal Attraction' (*Echinacea purpurea*).

Das kreisförmige Beet lässt sich sehr einfach in ein 0,8 × 0,8 m großes Quadrat übertragen, indem Sie die außerhalb der Quadratform liegenden Stauden weglassen. Für größere Beete unterschiedlicher Form setzt man das Modul einfach aneinander. Die Beet-Variante auf den Seiten 140–141 zeigt, wie eine solche Vergößerung aussehen kann.

Lebensbereich:
frische Freifläche (Fr 2–3)

UNTEN Taglilien sind pflegeleichte und langlebige Blütenstauden mit attraktivem Laub und ausdruckstarken Blüten. Die Sorte 'Crimson Pirate' ist eine ideale Ergänzung und bringt dieses Gräserbeet mit ihren roten Blüten zum Leuchten.

Beet-Variante mit Modul 3: Sonniges Farbenspiel

Das Gräserbeet-Modul 3 wird mit einigen Ergänzungspflanzen farblich variiert und anschließend vierfach zu einem quadratischen, 1,6 x 1,6 m großen Beet zusammengesetzt.

Mit einem beeindruckenden Farbenspiel in Orange und Rot bringt dieses Gräserbeet mit nur sechs verschiedenen Pflanzen weithin leuchtende Pflanzenbilder in den Sommergarten.

Das kreisförmige Gräserbeet-Modul 3 »Sonniges Farbenspiel« bildet die Grundlage dieses Pflanzplans. Um es in eine quadratische Form zu bringen, werden zunächst die beiden Sonnenhüte 'Orange Luxury' und 'Fatal Attraction' (*Echinacea*, Nr. 3 und 4) aus dem Plan genommen. Für Liebhaber kräftiger roter Farbtöne wird als Ersatz für die hellgelb blühende Schafgarbe 'Hella Glashoff' (*Achillea*, Nr. 5) die in einem wirklich atemberaubenden Granatrot blühende Sorte 'Pomegranate' (Nr. 6) aus der Palette der Ergänzungspflanzen ausgewählt.

Durch die attraktive Rutenhirse 'Rehbraun' (*Panicum*, Nr. 7), die sich ab August mit feurigroten Halmspitzen schmückt und die anstelle eines Exemplars der Rasenschmiele 'Goldschleier' (*Deschampsia*, Nr. 1) ins Beet aufgenommen wird, erhält das Modul sein neues Gesicht. Zuletzt werden noch die Narzissen 'Jack Snipe' durch die niedrigen, im März in kräftigem Orange blühenden Wildtulpen 'Shogun' *(Tulipa praestans)* ersetzt.

Das so variierte Beet-Modul wird anschließend vierfach verwendet und zu einem 1,6 × 1,6 m großen Beet zusammengefügt.

Möchten Sie in diesem Beet weniger Gräser und an ihrer Stelle mehr Blütenstauden haben, können Sie einfach ein oder mehrere Exemplare der Rutenhirse 'Rehbraun' oder der Rasenschmiele 'Goldschleier' problemlos durch einzelne Blütenstauden aus der Auswahl der Ergänzungspflanzen dieses Moduls ersetzen. Ihren Wünschen und Ihrer Fantasie sind kaum Grenzen gesetzt.

UNTEN Neue Töne im Gräserbeet: Die Rutenhirse 'Rehbraun' und die Schafgarbe 'Pomegranate' bringen als Ergänzungspflanzen eine feurige und sehr lebendige Farbstimmungen in das ursprüngliche Gräserbeet-Modul 3.

Beet-Variante mit Modul 3: Sonniges Farbenspiel

quadratische Variante vom Gräserbeet-Modul 3

Die quadratische Variante des Gräserbeet-Moduls 3 wurde vierfach verwendet und zu einem großen Beet zusammengesetzt.

Einkaufsliste Modulpflanzen

(1) *Deschampsia cespitosa* 'Goldschleier' (4)

(2) *Hemerocallis*-Hybride 'Burning Daylight' (4)

Zwiebelpflanzen

● je 3 *Allium*-Hybride 'Mount Everest' (12)

Ergänzungspflanzen

(6) *Achillea Millefolium*-Hybride 'Pomegranate' (4)

(7) *Panicum virgatum* 'Rehbraun' (4)

Zwiebelpflanzen

● je 5 *Tulipa praestans* 'Shogun' (80)

Mixed Border Style

Die Engländer haben schon vor über hundert Jahren gezeigt, wie es geht – kunstvolle Beetkompositionen aus Stauden, Gräsern, Sommerblumen, Rosen und anderen Blütengehölzen. Diese sogenannten »Mixed Borders« haben Hobbygärtner – von Anfängern bis zu erfahrenen Gartenliebhabern – von jeher fasziniert, und sie wurden natürlich bald auch auf dem Kontinent aufgenommen und dort kopiert. Bei uns werden sie meist gemischte Prachtstaudenrabatten genannt und stehen für die hohe Schule der Pflanzenverwendung. Mit dem Modul-Konzept gelingt die Anlage einer Mixed Border im Handumdrehen.

Mit den vielfältigen Prachtstauden entstehen kunstvolle und blütenreiche Pflanzenkompositionen, deren Faszination kein Gartenliebhaber widerstehen kann. Solche ästhetisch gelungenen Rabatten ziehen die ganze Saison über die Blicke auf sich.

GARTENKENNER HABEN BEIM STICHWORT »Mixed Border« vielleicht die beeindruckende »Long Border« vor Augen, eine 60 m lange und über 4 m breite, gemischte Staudenrabatte, die der ambitionierte Gärtner und Gartenschriftsteller Christopher Lloyd (1921–2006) im bezaubernden und überaus malerischen Garten seines Anwesens Great Dixter in der Grafschaft Kent angelegt hat. Oder sie denken an die große Staudenrabatte, die von der Gartengestalterin und »Mutter« der Staudenverwendung in England, Gertrude Jekyll (1843–1932), Anfang des 20. Jahrhunderts in ihrem Garten in Munstead Wood geschaffen wurde. Als Malerin war sie mit der Farbenlehre bestens vertraut und eine Meisterin in der Farbkomposition mit Pflanzen. In ihrem Gartenbuch »Colour Schemes for the Flower Garden« beschreibt sie liebevoll, wie sie bei der Anlage ihrer großen Staudenrabatte vorging. Die künstlerische Farbgestaltung zeigt einen fließenden Übergang von kühlen Grau-, Weiß- und Blautönen zu kräftigen warmen Gelb-, Orange- und Rottönen.

»Double Borders«, bei uns »Doppelrabatten« genannt, sind zwei lange, parallel zueinander verlaufende Beetstreifen, die zum Beispiel einen Stein- oder Rasenweg rahmen. Oft handelt es sich dabei um gespiegelte Bepflanzungen, sodass sich immer die gleichen Pflanzengruppen gegenüberliegen. Hierdurch entsteht trotz der malerischen Blütenfülle ein rhythmisch geordnetes, ruhiges Gesamtbild.

Charakter

Nicht nur die Herzen ambitionierter Pflanzenliebhaber schlagen beim Anblick der Blüten- und Farbenpracht einer gemischten Staudenrabatte im englischen Stil höher. Auch ein Gartenneuling kann sich wohl kaum dem Charme und der beeindruckenden Wirkung einer solch ausgefeilten Pflanzenkomposition entziehen. Was zählt, sind eindrucksvolle Blüten und Blätter, aufwendige Farbkompositionen, gekonnte Pflanzenkombinationen aus Sommerblumen, Rosen und Stauden sowie perfekt aufeinander abgestimmte Blatt- und Blühpartner, die sich in der Rabatte nach bestimmten Regeln rhythmisch wiederholen und den Betrachter in ihren Bann ziehen.

Eine solche Rabatte zu planen und anzulegen ist eine recht anspruchsvolle Aufgabe, und auch die Pflege erfordert mehr Zeit und Aufwand, denn viele dieser sogenannten Prachtstauden wie Rittersporn *(Delphinium)* brauchen besondere Pflege und müssen gedüngt, gestützt, regelmäßig geteilt oder an der gewünschten Stelle nachgepflanzt werden, damit das Bild perfekt ist. Sommerblumen müssen im Frühjahr herangezogen und anschließend an der richtigen Stelle zwischen die Stauden gesetzt werden. Die Knollen nicht winterharter Dahlien müssen im Herbst ausgegraben, frostfrei und trocken überwintert und im Frühling nach dem Vortreiben im Topf wieder an den endgültigen Platz im Beet gepflanzt werden. Wer aber einmal das Ergebnis einer solchen mit Gefühl und Verstand angelegten Rabatte gesehen und das Herz eines Gärtners hat, wird begeistert sein und den geheimen Wunsch verspüren, ein solches Kunstwerk aus lebenden Pflanzen im eigenen Garten bewundern zu können. Es ist auf jeden Fall einen Versuch wert!

Mit den fertig durchgeplanten Beet-Modulen im »Mixed Border Style« als Starthilfe gehen Sie kein großes Wagnis ein, sondern Sie erleben das Glück, selber eine prachtvolle Staudenpflanzung nach englischem Vorbild im eigenen Garten hegen und pflegen zu können.

Integrationsmöglichkeiten in den Garten

Große Staudenrabatten nach englischem Vorbild mit teilweise über 70 m Länge und entsprechender Breite lassen sich natürlich nicht in einen normalen Privatgarten integrieren, doch das Motto sollte lauten: So groß wie möglich! Denn je größer, umso schöner ist die Wirkung.

Prachtstaudenrabatten begleiten Gartenwege und rahmen eine Terrasse oder eine Auffahrt ein. Möglichst breite Wege bieten überbordenden Blütenkissen, die sich elegant aus der Rabatte neigen, ausreichend Platz. Besonders vorteilhaft kommen Rabatten vor Rasenwegen, Mauern oder formal geschnittenen Hecken zur Geltung. Mauern bieten zudem einen weiteren Gestaltungsspielraum für malerische Kletterpflanzen wie zum Beispiel Rosen oder Klematis.

OBEN Auch trübes Wetter kann ihrer Schönheit nichts anhaben: Formale Eibenhecken und perfekt gepflegte Rasenstreifen rahmen diese Doppelrabatte im Mixed Border Style: Landsitz Legsheath Farm in der Grafschaft Sussex in Südengland.

UNTEN Der Garten-Rittersporn – hier die Sorte 'Ouvertüre' – gehört zu den prächtigsten klassischen Beetstauden und sollte, obwohl er recht viel Pflege beansprucht, in keiner Prachtstaudenrabatte im Mixed Border Style fehlen.

Standortbedingungen

Die anspruchsvolleren, in vielen farbenprächtigen und großblütigen Sorten gezüchteten Beet- oder Prachtstauden werden dem Lebensbereich Beet (B) zugeordnet, der als typischer Gartenstandort gilt. Die meisten dieser Prachtstauden benötigen einen sonnigen oder halbschattigen Standort und einen offenen, tiefgründigen, gut mit Nährstoffen versorgten Gartenboden, der stets ausreichend feucht sein sollte.

Gestaltungsprinzipien und Hinweise zur Planung

Eine Prachtstaudenrabatte kann nur über einen begrenzten Zeitraum in üppiger Blüte gehalten werden. Daher ist es ratsam, von vornherein eine bestimmte Zeitspanne wie Frühsommer oder Herbst als Blühhöhepunkt festzulegen und die Pflanzen entsprechend auszuwählen. Bei geschickter Planung ergeben sich auch in den anderen Monaten immer wieder neue Blühaspekte, allerdings in wechselnden Beetbereichen.

Jede Prachtstaudenrabatte sollte nach bestimmten Ordnungsprinzipien angelegt werden (▶ Seite 18–21). Das kann ein bestimmtes Farbthema oder die Wiederholung einzelner Stauden oder Staudengruppen in einem bestimmten Rhythmus sein. Eine abgestimmte Höhenstaffelung ist für das Gesamtbild ebenfalls wichtig. Dazu ist es nötig, nicht nur Blühzeitpunkt und Farbe, sondern auch die zu erwartenden Wuchshöhen und das Wuchsverhalten der unterschiedlichen Pflanzen zu kennen. Zu Beginn der Planung sollten Sie daher die für das Beet ausgewählten Stauden mit allen notwendigen Informationen übersichtlich in einem Blühkalender zusammenstellen.

Bodenvorbereitung

Je sorgfältiger Sie den Boden vor der Pflanzung vorbereiten, umso schöner ist anschließend das Ergebnis. Der Aufwand lohnt sich auf jeden Fall! Lehmig schwere oder verdichtete Böden müssen unbedingt verbessert werden. Graben Sie den Boden mit dem Spaten zunächst 30–40 cm tief um. Zur Verbesserung der Bodenstruktur wird reichlich Kompost und grober, gewaschener Sand jeweils in einer Dicke von 5–10 cm gleichmäßig auf dem Beet verteilt und durch mehrmaliges Umgraben tief eingearbeitet. Beim letzten Umgraben arbeitet man organischen Dünger in den Boden ein. Zum Schluss wird ein organisch-mineralischer Mischdünger nach Anweisung des Herstellers auf der Beetfläche verteilt und oberflächlich eingeharkt.
Bei sehr schwierigen Bodenverhältnissen ist es unter Umständen ratsam, den Boden komplett auszutauschen (▶ Seite 34).

Pflanzung

Stellen Sie zunächst eine Mischung aus Gartenkompost und organischem Dünger bereit, und geben Sie davon ungefähr eine halbe Gartenschaufel in jedes Pflanzloch.
Beachten Sie unbedingt, dass die frisch gepflanzten Stauden in den kommenden Wochen ausreichend feucht gehalten werden müssen. Das kann je nach Wetterlage bedeuten, dass es notwendig ist, jeden Tag gründlich zu wässern. Außerdem empfiehlt es sich, eine 5 cm dicke Schicht Kom-

post als Verdunstungsschutz zwischen die frisch gepflanzten Stauden zu verteilen. Sie erleichtert auch das regelmäßige Unkrautjäten.

Pflege übers Jahr

Abgestorbene Pflanzenteile können bereits im Spätherbst komplett zurückgeschnitten und vom Beet entfernt werden, spätestens ist dies jedoch vor dem Neuaustrieb im zeitigen Frühjahr, also bis Ende März notwendig.

Einige Prachtstauden benötigen bei entsprechend trockener Witterung eine ausreichende Bewässerung, um weiterhin attraktiv auszusehen. Sie sollten also regelmäßig das Beet kontrollieren und die Stauden spätestens dann wässern, wenn die Blätter schlapp werden.

Da die meisten Prachtstauden einen hohen Nährstoffbedarf haben, muss man sie regelmäßig düngen. Das geschieht im Frühjahr mit dem Neuaustrieb der Stauden und nochmals im Hochsommer mit einem organisch-mineralischen Mischdünger. Beachten Sie dabei immer die Herstellerangaben auf der Verpackung. Zusätzlich kann jedes Jahr nach dem Rückschnitt im Frühjahr eine dünne Schicht Kompost zwischen den Pflanzen aufgebracht und oberflächlich leicht eingeharkt werden.

Prachtstaudenbeete sollten stets ordentlich und gepflegt aussehen, sonst geht ihre Wirkung verloren. Alle Pflanzen haben ihren festen Platz. Daher muss man »Wanderern«, also Stauden, die sich leicht versamen, unbedingt Einhalt gebieten. Unerwünscht aufkommende Sämlinge müssen entfernt und verblühte Blütenstände regelmäßig abgeschnitten werden.

Im Spätherbst müssen Sie die frostempfindlichen Dahlien mit einer Grabegabel aus dem Beet nehmen. Sie sollten dunkel und trocken, zum Beispiel in einer mit Zeitungen abgedeckten Obstkiste im Keller überwintern. Im zeitigen Frühjahr setzt man sie dann zum Vortreiben in Blumentöpfe mit guter Pflanzerde. Sobald sie eine gewisse Größe erreicht haben und keine Fröste mehr zu befürchten sind – also etwa ab Anfang Mai –, werden sie an der alten Stelle wieder ins Beet gesetzt. Auch die aus Samen vorgezogenen oder als Pflänzchen gekauften Sommerblumen können dann ins Beet gepflanzt werden.

Stützen und Aufbinden

Manche Stauden neigen zum Umfallen und müssen rechtzeitig gestützt werden. Die Kunst besteht darin, dies so durchzuführen, dass Bindematerial und Stützen möglichst unsichtbar sind und die Stauden ihre natürliche Wirkung behalten. Bewährt haben sich Birken- oder Haselreiser, die bereits im Frühjahr als Stütze neben die austreibende Staude ins Beet gesteckt und nach und nach vom Blattwerk verdeckt werden.

Droht eine Staude in voller Blüte umzufallen, kann man sie mithilfe von dickeren Haselruten, die man neben der Staude in den Boden steckt, und dünnem Bindedraht unauffällig fixieren. Der Handel bietet aber auch hübsche Staudenstützen aus Metall oder Holz, die sich auch gut zum Abstützen von Rosen eignen.

UNTEN Die 'Long Border' im Garten von Great Dixter: nicht nur im Frühsommer ein überwältigender Anblick. Man sollte einfach zu jeder Jahreszeit einmal dort gewesen sein!

Mixed Border Style Modul 1: Bunte Rabatte

Dieses Beet-Modul hat das Potenzial für eine große, gemischte Staudenrabatte nach englischem Vorbild. Stauden, Sommerblumen und Gehölze sind sorgfältig aufeinander abgestimmt und bieten Ihnen von Mai bis in den Spätherbst hinein vielfältige Blütenschönheiten – schöne Blumensträuße für die Vase inklusive.

STANDORT:
frei, sonnig bis halbschattig
BODEN:
tiefgründig, humos, nährstoffreich, frisch bis feucht.
MASSE:
1,2 × 2 m

Einkaufsliste

① *Rosa* 'Proud Bride' (1)
② *Hydrangea arborescens* 'Pink Annabelle' (2)
③ *Achillea Filipendulina*-Hybride 'Lilac Beauty' (2)
④ *Delphinium* 'Magic Fountain Rosa' (2)
⑤ *Campanula lactiflora* 'Prichard's Variety' (2)
⑥ *Phlox paniculata* 'Düsterlohe' (2)
⑦ *Digitalis purpurea* 'Apricot' (1)

Sommerblumen

⑧ *Dahlia* 'Le Baron' (2)
⑨ *Zinnia* 'Zinderella Peach' (1)

Pflanzplan im Maßstab 1:20

Modulpflanzen im Porträt

◄ **Schafgarbe**
Achillea Filipendulina-Hybride 'Lilac Beauty'

Standort:
☼
B 1, Fr 1

Höhe/Wuchs:
60 cm, horstig, buschig aufrecht

Blüte: Juni–Juli, Sept., lilarosa

Pflege: Verblühtes abschneiden, nach 3–4 Jahren teilen, Rückschnitt im Herbst

Arten/Sorten:
'Walter Funcke': 60 cm, samtrot; *A. Millefolium*-Hybride 'Belle Epoque': 60 cm, hellrot bis zartrosa

► **Dolden-Glockenblume**
Campanula lactiflora 'Prichard's Variety'

Standort:
☼ ◑
B 2, Fr 2, GR 2

Höhe/Wuchs:
80 cm, horstig, buschig

Blüte: Juni–Aug., helles Blauviolett

Pflege: 2. Blüte, wenn man sie nach der 1. Blüte um gut die Hälfte zurückschneidet

Arten/Sorten:
'Superba': 100 cm, violettblau; 'Alba': 90 cm, weiß; 'White Pouffe': 30 cm, weiß, für Beetvordergrund

◄ **Rittersporn**
Delphinium
'Magic Fountain Rosa'

Standort:
☼
B 2

Höhe/Wuchs:
90 cm, horstig, straff aufrecht

Blüte: Juni–Juli, altrosa

Pflege: nach 1. Blüte ganz zurückschneiden: treibt frisches Laub und 2. Blüte, düngen!

Arten/Sorten:
'Magic Fountain Weiß': 100 cm, weiß mit dunklem Auge

► **Fingerhut**
Digitalis purpurea 'Apricot'

Standort:
☼ ◑
GR 2, Fr 2, B 2

Höhe/Wuchs:
90 cm, straff aufrecht, zweijährig

Blüte: Juni–Juli, apricotrosa mit Gelb

Pflege: überdauert durch Versamung, einzelne Blütenstände belassen

Arten/Sorten:
'Gloxiniaeflora': 150 cm, rosarot; 'Snow Thimble': 90 cm, weiß

◄ **Ball-Hortensie**
Hydrangea arborescens 'Pink Annabelle'

Standort:
◑ ●

Höhe/Wuchs:
100 cm, gut verzweigter Strauch

Blüte: Juli–Sept., rosa

Pflege: im März bis ca. 30 cm zurückschneiden, bei Trockenheit wässern

Arten/Sorten:
'Incrediball': 150 cm, weiß, sehr standfest

► **Flammenblume**
Phlox paniculata 'Düsterlohe'

Standort:
☼ ◑
B 2–3, Fr 2–3, GR 2–3

Höhe/Wuchs:
100 cm, horstig, straff aufrecht

Blüte: Juli–Aug., dunkles Purpurviolettt

Pflege: im Frühling gut wässern, verblühte Rispen ausschneiden, Kompost geben

Arten/Sorten:
'Laura': 100 cm, violett; 'Hesperis': 130 cm, lilaviolett, Miniaturblüten; 'Pax': 80 cm, weiß

◄ **Englische Rose**
Rosa 'Proud Bride'

Standort:
☼

Höhe/Wuchs:
100 cm, buschig, strauchartig

Blüte: Juni–Sept., rosa-apricot

Pflege: im Frühjahr um ein bis zwei Drittel zurückschneiden, Langzeitdünger geben

Arten/Sorten:
'Port Sunlight': 100 cm, Juli–Sept., kräftiges Apricot; 'Eglantyne': 100 cm, rosa

Blühkalender: Bunte Rabatte

Nr.	Botanischer Name	Deutscher Name	Höhe (cm)	I	II	III	IV	V	VI	VII	VIII	IX	X	XI	XII	Pflanzabstand (cm)	Pflanzen/qm
	Stauden																
⑭	*Achillea Filipendulina*-Hybride 'Credo'	Schafgarbe (▶ Seite 164)	80													40	6
③	*Achillea Filipendula*-Hybride 'Lilac Beauty'	Schafgarbe	60													40	6
⑮	*Aster novae-angliae* 'Rosa Sieger'	Raublatt-Aster (▶ Seite 166)	120													90	1
⑤	*Campanula lactiflora* 'Prichard's Variety'	Dolden-Glocken-blume	80													80	1
⑪	*Delphinium Elatum*-Hybride 'Ouvertüre'	Hoher Rittersporn (▶ Seite 168)	160													80	1
④	*Delphinium* 'Magic Fountain Rosa'	Rittersporn	90													70	2
⑦	*Digitalis purpurea* 'Apricot'	Fingerhut	90													40	6
⑫	*Paeonia Lactiflora*-Hybride 'Germaine Bigot'	Pfingstrose (▶ Seite 171)	90													90	1
⑥	*Phlox paniculata* 'Düsterlohe'	Flammenblume	100													50	4
⑩	*Phlox paniculata* 'Freudenfeuer'	Flammenblume (▶ Seite 171)	90													50	4
⑯	*Papaver orientale* 'Karine'	Orientalischer Mohn (▶ Seite 69)	60													60	2
	Gehölze																
②	*Hydrangea arborescens* 'Pink Annabelle'	Ball-Hortensie	100													60	–
⑬	*Rosa gallica* 'Belle Isis'	Historische Rose (▶ Seite 171)	100													60	–
①	*Rosa* 'Proud Bride'	Englische Rose	100													60	–
	Sommerblumen																
⑧	*Dahlia* 'Le Baron'	Dahlie (▶ Seite 167)	100													40	6
⑰	*Dahlia* 'Franz Kafka'	Dahlie (▶ Seite 167)	90													40	6
⑨	*Zinnia* 'Zinderella Peach'	Zinnie (▶ Seite 173)	50													20	6
	Zwiebelpflanzen																
	Allium atropurpureum	Granat-Kugellauch (▶ Seite 164)	90													15	16
	Tulipa viridiflora 'Nightrider'	Tulpe (▶ Seite 173)	50													15	30

Modulpflanzen   Ergänzungspflanzen

Mixed Border Style Modul 1

Bunte Rabatte

Grün, Orange, Violett, Rosa und Hellblau – ein Hauch dezenter Regenbogenfarben mit spannenden, teils gewagten Farbkombinationen liegt über diesem Beet im englischen Mixed Border Style. Die Ball-Hortensie 'Pink Annabelle'(*Hydrangea arborescens*, Nr. 2) hat Blütenbälle in morbidem Rosa und blüht von Juni bis September. Das variierende Farbenspiel der Englischen Rose 'Proud Bride' (*Rosa*, Nr. 1) in Apricotrosa ist eine gelungene Ergänzung und harmoniert auch sehr schön mit den rosa-gelblichen Blüten des Fingerhuts 'Apricot' (*Digitalis purpurea*, Nr. 7), die dicht an dicht an hohen Stielen sitzen. Die edle Sorte kommt in der vordersten Reihe besonders gut zur Geltung. Die Blütendolden der Schafgarbe 'Lilac Beauty' (*Achillea Filipendula*-Hybride, Nr. 3) strahlen in hellem Violett und changieren im Blühverlauf in unterschiedliche Rosatöne, sodass sich immer neue Farbverläufe ergeben. Die Flammenblume 'Düsterlohe' (*Phlox paniculata*, Nr. 6) liefert im Hochsommer Farbpunkte in dunklem Violett. Sie bildet mit dem Rittersporn 'Magic Fountain Rosa' (*Delphinium*, Nr. 4), der in keiner Prachtstaudenrabatte fehlen darf, und der Dolden-Glockenblume 'Prichard's Variety' (*Campanula lactiflora*, Nr. 5) ein farblich abgestimmtes Ton-in Ton-Arrangement. Den besonderen Pfiff erhält das Beet durch die Zinnie 'Zinderella Peach' (*Zinnia*, Nr. 9), eine Sommerblume, die jedes Jahr neu aus Samen herangezogen und dann ins Beet an ihren Platz gepflanzt wird. Mit gefüllten Strahlenblüten in changierendem Apricot, Gelb und Rosa ergänzt sie das Farbkonzept vortrefflich. Auch die dunkelviolett blühende Dahlie 'Le Baron' (*Dahlia*, Nr. 8), eine nicht frostfeste Knollenpflanze, benötigt etwas Aufmerksamkeit und Zuwendung, denn sie muss im Herbst aus dem Beet genommen werden. Doch die Mühe lohnt sich, denn nicht nur im Beet sondern auch in der Vase bilden beide einen bezaubernden Blütenschmuck.

Anpassen und variieren

Je nachdem, wie viel Platz Sie haben, können Sie das Modul für eine lange Rabatte beliebig oft nebeneinandersetzen oder durch Spiegelung an einem Weg eine Doppelrabatte schaffen.
Mit den verschiedenen Ergänzungspflanzen lässt sich dieses Beet-Modul im englischen Mixed Border Style wunderbar variieren. Tauschen Sie nach Ihren Vorstellungen bestimmte Pflanzen im Modul durch andere Pflanzen aus, um die Farbstellung abzuwandeln. Ergänzen Sie Pflanzen, oder bilden Sie größere Gruppen einer Art, um die Rabatte zu verbreitern. Die Beet-Variante auf den Seiten 150–151 zeigt beispielhaft, wie das geht. Lassen Sie dabei Ihre Kreativität spielen, und verlassen Sie sich darauf, dass alle Ergänzungspflanzen gut zueinanderpassen und stimmig sind. Fortgeschrittene Hobbygärtner können natürlich auch neue Stauden hinzunehmen, die nicht in der Ergänzungsliste stehen.

Zwiebelpflanzen ergänzen

Tulpenliebhaber setzen Sträuße der dunkelvioletten Tulpe 'Nightrider' *(Tulipa viridiflora)* zwischen die Stauden. Die Halbkugeln des Granat-Kugellauchs *(Allium atropurpureum)* setzen im Juni und Juli Blickpunkte ins Beet. Man setzt sie einzeln oder in Dreiergruppen zwischen die Stauden.

Lebensbereich:
Lebensbereich Beet (B 2–3)

UNTEN Die Blüten der erst im Mai blühenden Viridiflora-Tulpen – hier die Sorte 'Nightrider' – sind überaus apart von grünen Streifen oder Flecken durchzogen.

Beet-Variante mit Modul 1: Bunte Rabatte

Für diese Beet-Variante wird das Modul deutlich vergrößert und durch Ergänzungspflanzen erweitert.

Für alle Blumenliebhaber, die nicht genug bekommen können und möglichst viele verschiedene Blütenpflanzen im Garten haben möchten, ist diese Rabatte eine Offenbarung. Nach Herzenslust können Sie hier zu fast jeder Jahreszeit fantasievolle Blumensträuße für die Vase zusammenstellen. Als ob der Wind einen Regenbogen durcheinandergewirbelt hätte, so schillern die Farben der Blüten auf dieser Prachtstaudenrabatte im englischen Mixed Border Style und bilden gewagte, aber äußerst wirkungsvolle Farbkombinationen.
Der Pflanzplan entstand auf Grundlage des Beet-Moduls 1 »Bunte Rabatte«. Das Modul wurde zweifach nebeneinandergesetzt und nach hinten um eine Rasterlänge verbreitert, sodass das Beet 4 m lang und 1,6 m breit ist. Mit den neu hinzugekommenen Staudenarten aus der Palette der Ergänzungspflanzen ist es eine Rabatte für alle, die es schön bunt mögen.

Für Rosenliebhaber wurde die herrlich duftende historische Rose 'Belle Isis' (*Rosa gallica*, Nr. 13) in zartem Rosa dazugenommen. Die Pfingstrose 'Germaine Bigot' (*Paeonia*, Nr. 12) – ebenfalls neu im Beet – ist ein passender Blühnachbar und unvergleichlich in ihrem Duft. Die cremegelben Blütendolden der Schafgarbe 'Credo' (*Achillea*, Nr. 14) wurden der Rose 'Proud Bride' als Ersatz für ein Exemplar des rosa Rittersporn 'Magic Fountain Rosa' (*Delphinium*, Nr. 4) zur Seite gestellt. Ein Exemplar der Dahlie 'Le Baron' wurde durch den Orientalischen Mohn 'Karine' (*Papaver orientale*, Nr. 16) mit attraktiven Blütenschalen in Rosa und dunkelroten Punkten in der Mitte ersetzt.
Der hohe, standfeste Rittersporn 'Ouvertüre' (*Delphinium*, Nr. 11) blüht schon sehr früh – nämlich Anfang Juni – in zartem Hellblau und ist ebenfalls gut für die hinteren Beetreihen geeignet. Für einen überraschenden frischen Blühaspekt im Herbst sorgt die neu hinzugenommene Aster 'Rosa Sieger' (*Aster novae-angliae*, Nr. 15) mit großen, hellrosa Strahlenblüten. Auch sie ist am besten im Beethintergrund aufgehoben. Kleine Tuffs der Viridiflora-Tulpe 'Nightrider' stehen im Frühling dekorativ zwischen den austreibenden Stauden.

UNTEN Die bunte Prachtstaudenrabatte überzeugt durch ein eher ungewöhnliches Farbenspiel zwischen Rosa, Orange, Violett und Gelb. Bei dieser Blütenfülle können Sie nach Herzenslust Sträuße für die Vase schneiden.

Beet-Variante mit Modul 1: Bunte Rabatte

Einkaufsliste
Modulpflanzen

① *Rosa* 'Proud Bride' (2)
② *Hydrangea arborescens* 'Pink Annabelle' (4)
③ *Achillea Filipendulina*-Hybride 'Lilac Beauty' (4)
④ *Delphinium* 'Magic Fountain Rosa' (2)
⑤ *Campanula lactiflora* 'Prichard's Variety' (4)
⑥ *Phlox paniculata* 'Düsterlohe' (2)
⑦ *Digitalis purpurea* 'Apricot' (2)

Sommerblumen

⑧ *Dahlia* 'Le Baron' (2)
⑨ *Zinnia* 'Zinderella Peach' (2)

Ergänzungspflanzen

⑩ *Phlox paniculata* 'Freudenfeuer' (3)
⑪ *Delphinium Elatum*-Hybride 'Ouvertüre' (2)
⑫ *Paeonia Lactiflora*-Hybride 'Germaine Bigot' (1)
⑬ *Rosa gallica* 'Belle Isis' (2)
⑭ *Achillea Filipendulina*-Hybride 'Credo' (2)
⑮ *Aster novae-angliae* 'Rosa Sieger' (1)
⑯ *Papaver orientale* 'Karine' (2)

Sommerblumen

⑰ *Dahlia* 'Franz Kafka' (1)

Zwiebelpflanzen

● je 3 Tulipa 'Nightrider' (21)

Mixed Border Style Modul 2: Elegantes Weiß

Vielleicht sind sie nicht Jedermanns Sache, doch Farbenbeete, auf denen die Pflanzen in einem einzigen Farbton blühen, haben einen besonderen Reiz – sei es nun eine rote oder gelbe Staudenrabatte oder ein rundes Inselbeet in zartem Rosé. Ein Beet ganz in Weiß ist die hohe Schule der Pflanzenkomposition.

STANDORT:
frei, sonnig bis max. halbschattig

BODEN:
tiefgründig, humos, nährstoffreich, frisch bis feucht

MASSE:
Halbkreis, Durchmesser 2 m

Einkaufsliste

① *Rosa* 'Glamis Castle' (1)
② *Paeonia lactiflora* 'Festiva Maxima' (1)
③ *Phlox amplifolia* 'Waupee' (2)
④ *Veronica longifolia* 'Schneeriesin' (2)
⑤ *Delphinium Belladonna*-Hybride 'Moerheimii' (2)
⑥ *Campanula latifolia* var. *macrantha* 'Alba' (1)
⑦ *Hemerocallis* 'Joan Senior' (2)

Sommerblumen
⑧ *Dahlia* 'White Renova' (1)

Pflanzplan im Maßstab 1:20

Modulpflanzen im Porträt

◄ **Wald-Glockenblume**
Campanula latifolia var. *macrantha* 'Alba'

Standort: ☼ ◑
GR 2, G 2, B 2
Höhe/Wuchs: 100 cm, horstig, straff aufrecht

Blüte: Juni–Aug., weiß
Pflege: nach der Blüte zurückschneiden, um Versamung zu vermeiden

Arten/Sorten: *Campanula persicifolia* 'Grandiflora Alba': 70 cm, Juni–Juli, reinweiß

► **Rittersporn**
Delphinium Belladonna-Hybride 'Moerheimii'

Standort: ☼ B 2, Fr 2
Höhe/Wuchs: 100 cm, straff aufrecht, horstig

Blüte: Juni–Juli, Okt., reinweiß
Pflege: nach 1. Blüte zurückschneiden für 2. Blüte, düngen

Arten/Sorten: *Delphinium Elatum*-F1-Hybride 'Green Twist': 140 cm, Juni, Sept., weiß mit grün, gefüllt

◄ **Taglilie**
Hemerocallis 'Joan Senior'

Standort: ☼ ◑
B 2, Fr 2, GR 2
Höhe/Wuchs: 70 cm, horstig, überhängend

Blüte: Juni–Juli, weiß, zartgelbe Mitte
Pflege: abgeblühte Stiele entfernen, im Herbst ganz zurückschneiden, düngen

Arten/Sorten: 'White Temptation': Aug.–Sept, 80 cm, weiß

► **Pfingstrose**
Paeonia lactiflora 'Festiva Maxima'

Standort: ☼ B 2
Höhe/Wuchs: 90 cm, horstig, buschig

Blüte: Mai–Juni, weiß, rot gefleckt
Pflege: organischer Langzeitdünger, nicht zu tief pflanzen

Arten/Sorten: 'Immaculée': 80 cm, weiß, halbgefüllt; 'Jan van Leeuwen': 70 cm, weiß/gelb ungefüllt

◄ **Flammenblume**
Phlox amplifolia 'Waupee'

Standort: ☼ ◑
B 2–3, Fr 2–3, GR 2–3
Höhe/Wuchs: 80 cm, horstig, aufrecht

Blüte: Juli–Aug., reinweiß
Pflege: im Frühling gut wässern, verblühte Rispen ausschneiden, Kompost geben

Arten/Sorten: 'David': 120 cm, Juli–Sept., weiß

► **Englische Rose**
Rosa 'Glamis Castle'

Standort: ☼
Höhe/Wuchs: 80 cm, strauchartig, buschig

Blüte: Juni–Sept., weiß
Pflege: im Frühjahr um ein bis zwei Drittel zurückschneiden, Langzeitdünger geben

Arten/Sorten: 'Desdemona': 120 cm, Juni–Okt., weiß, zartrosa Knospen

◄ **Wiesen-Ehrenpreis**
Veronica longifolia 'Schneeriesin'

Standort: ☼
Fr 2–3, B 2–3
Höhe/Wuchs: 70 cm, kriechend, straff aufrecht

Blüte: Juni–Juli, reinweiß
Pflege: verblühte Blütenkerzen über dem Laub abschneiden, düngen

Arten/Sorten: *Veronicastrum virginicum* 'Diana', Kandelaber-Ehrenpreis: 120 cm, Juni–Aug., reinweiß

Blühkalender: Elegantes Weiß

Nr.	Botanischer Name	Deutscher Name	Höhe (cm)	I	II	III	IV	V	VI	VII	VIII	IX	X	XI	XII	Pflanzabstand (cm)	Pflanzen/qm
	Stauden																
⑨	*Anemone Japonica*-Hybride 'Whirlwind'	Herbstanemone (▶ Seite 166)	100													45	4
⑭	*Aster ericoides* 'Lovely'	Myrten-Aster (▶ Seite 166)	70													50	4
⑥	*Campanula latifolia* var. *macrantha* 'Alba'	Wald-Glockenblume	100													50	4
⑤	*Delphinium Belladonna*-Hybride 'Moerheimii'	Rittersporn	100													50	4
⑫	*Delphinium Elatum*-Hybride 'Gletscherwasser'	Rittersporn (▶ Seite 168)	160													80	1
⑦	*Hemerocallis* 'Joan Senior'	Taglilie	65													50	4
⑬	*Lupinus Polyphyllus*-Hybride 'Fräulein'	Lupine (▶ Seite 170)	80													55	3
②	*Paeonia lactiflora* 'Festiva Maxima'	Pfingstrose	80													90	1
⑩	*Papaver orientale* 'Perry's White'	Orientalischer Mohn (▶ Seite 171)	80													70	2
③	*Phlox amplifolia* 'Waupee'	Flammenblume	80													60	2
④	*Veronica longifolia* 'Schneeriesin'	Wiesen-Ehrenpreis	70													40	6
	Gehölze																
⑪	*Hydrangea paniculata* 'Bombshell'	Rispenhortensie (▶ Seite 170)	100													60	–
①	*Rosa* 'Glamis Castle'	Englische Rose	80													60	–
	Sommerblumen																
⑧	*Dahlia* 'White Renova'	Pompon-Dahlie (▶ Seite 167)	90													50	3
	Zwiebelpflanzen																
	Allium 'White Giant'	Zierlauch (▶ Seite 165)	150													20	10
	Tulipa 'Winterberg'	Triumph-Tulpe (▶ Seite 173)	40													15	30

Modulpflanzen   Ergänzungspflanzen

Mixed Border Style Modul 2

Elegantes Weiß

Dieses Modul ist inspiriert von dem legendären »White Garden«, den die englische Schriftstellerin und passionierte Gärtnerin Vita Sackville-West (1892–1962) in ihrem bekannten Garten in Sissinghurst Mitte des 20. Jahrhunderts angelegt hat. Weiß vermittelt Eleganz, Zurückhaltung und Harmonie. Zugleich gilt aber das Motto: Weiß ist nicht gleich Weiß! Das monochrome Beet überrascht mit einem Blütenmeer aus variierenden Weißtönen und attraktiven, effektvollen Blüten- und Blattformen. Es hat seinen Blühhöhepunkt im Frühsommer, bietet aber auch zu den anderen Jahreszeiten schöne Blühaspekte.
Im Mai öffnen sich die dicken Knospen der fantastischen Pfingstrose 'Festiva Maxima' (*Paeonia lactiflora*, Nr. 2) und präsentieren dicht gefüllte weiße Blüten mit roten Flecken in der Mitte. Der herrliche Duft ist eine willkommene Zugabe. Ab Ende Juni beginnt die Blüte der Englischen Strauchrose 'Glamis Castle' (*Rosa*, Nr. 1), die bis in den September hinein anhält. Die reinweiß blühende hohe Wald-Glockenblume 'Alba' (*Campanula latifolia* var. *macrantha*, Nr. 6), die hohen Blütenkerzen des weißen Rittersporns 'Moerheimii' (*Delphinium Belladonna*-Hybride, Nr. 5), die cremeweißen großen Blüten der Taglilie 'Joan Senior' (*Hemerocallis*, Nr. 7) und die weißen, schlanken Blütenstände des Wiesen-Ehrenpreis 'Schneeriesin' (*Veronica longifolia*, Nr. 4) gesellen sich dazu. Etwas später beginnt die Blütezeit der herrlich duftenden Flammenblume 'Waupee' (*Phlox amplifolia*, Nr. 3). Auch die weiße Pompon-Dahlie 'White Renova' (*Dahlia*, Nr. 8) öffnet jetzt ihre ersten knuffigen Blüten.

Anpassen und variieren

Das halbkreisförmige Modul lässt sich sehr gut vor einer Terrasse oder einer Hauswand platzieren. Das dunkle Grün einer formalen Eibenhecke bildet ebenfalls einen idealen Hintergrund und lässt durch den Kontrast das Weiß der Blüten optimal zur Geltung kommen. Man kann das Beet-Modul auch an einem Weg spiegeln und mit einer bogenförmigen Hecke als Einfassung rahmen, sodass ein kleiner eigenständiger Gartenraum entsteht.

Mit den Ergänzungspflanzen lässt sich das Beet auf vielerlei Art variieren. Eine wunderbare Bereicherung für die Frühsommerblüte ist der Orientalische Mohn 'Perry's White' *(Papaver orientale)* mit seinen voluminösen Knospen, aus denen die erst zerknitterten, sich dann aber zu voller Schönheit entfaltenden Blüten entspringen. Er bildet in Kombination mit den aus unzähligen kleinen, cremeweißen Schmetterlingsblüten aufgebauten Blütenkerzen der Lupine 'Fräulein' *(Lupinus Polyphyllus-*Hybride*)* stimmungsvolle Blütenbilder. Die eleganten Blütenkelche der Herbstanemone 'Whirlwind' (*Anemone Japonica*-Hybride) zaubern im Spätsommer nochmals frisches Weiß ins Beet. Dieses halbkreisförmige Modul lässt sich leicht zu einer gemischten weißen Rabatte – einer »White Mixed Border« erweitern, wie die Beet-Variante auf Seite 156–157 zeigt.

Mit Zwiebelpflanzen ergänzen

Mit den beeindruckenden weißen Blütenkugeln des Zierlauchs 'White Giant' (*Allium*) und den edlen rosa überhauchten Blüten der Triumph-Tulpe 'Winterberg' *(Tulipa)* können Sie einzelne, formale Blühaspekte ins Beet setzen.

Lebensbereich:
Lebensbereich Beet (B 2–3)

UNTEN Für Liebhaber ist eine weiße Rabatte eine wahre Offenbarung. Trotz zartester Farbnuancen entsteht ein Beet voller Spannung, das alles andere als langweilig ist.

Beet-Variante mit Modul 2: Elegantes Weiß

Das halbkreisförmige Modul 2 wird durch Wiederholung einzelner Arten sowie durch Aufnahme von sechs Ergänzungspflanzen zu einer 1,6 x 2,4 m großen Rabatte erweitert. Auch zwei verschiedene Zwiebelpflanzen werden neu ins Beet aufgenommen.

Vielleicht erfüllen Sie sich mit dieser eindrucksvollen weißen Prachtstaudenrabatte im Mixed Border Style einen insgeheim schon lange gehegten Gartentraum. Hier blüht es von Mai bis in den späten Herbst hinein in immer neuen Pflanzenbildern. Weiße Töne in vielen Variationen und viele verschiedene Blütenformen erheben sich über die abwechslungsreichen Grüntöne der strukturreichen Blätter.

Wie es sich für eine echte englische Rabatte gehört, bilden mit der den ganzen Sommer über blühenden Englischen Rose 'Glamis Castle' (*Rosa*, Nr. 1) und der Rispenhortensie 'Bombshell' (*Hydrangea paniculata*, Nr. 11) zwei zierliche Blütengehölze das Grundgerüst des Beets.

Die cremeweiß blühende Lupine 'Fräulein' (*Lupinus Polyphyllus*-Hybride, Nr. 13) und der Orientalische Mohn 'Perry's White' (*Papaver orientale*, Nr. 10) bereichern das Beet im Frühsommer aufs Schönste, während die schlichte weiße Triumph-Tulpe 'Winterberg' *(Tulipa)* langsam verblüht. Im Vordergrund sorgen ab Ende August die weißen Schalenblüten der Herbstanemone 'Whirlwind' (*Anemone Japonica*-Hybride, Nr. 9) für bezaubernde, frische Blühaspekte im Beet. Auch in dieser weißen Rabatte sollte der Zierlauch *(Allium)* nicht fehlen. Die riesigen Bälle der Sorte 'White Giant' sind bestens geeignet.

Um das Farbthema etwas aufzulockern, wurden auch einige Pastelltöne ins Beet aufgenommen. Der Hohe Rittersporn 'Gletscherwasser' (*Delphinium Elatum*-Hybride, Nr. 12) blüht in transparentem Eisblau und überragt dabei seinen weiß blühenden Verwandten, den niedrigen Rittersporn 'Moerheimii' (*Delphinium Belladonna*-Hybride, Nr. 5) deutlich. Im Spätherbst dürfen Sie sich dann an den frischen hellrosa Blüten der malerischen Myrten-Aster 'Lovely' (*Aster ericoides*, Nr. 14) erfreuen, bevor der Winter endgültig Einzug hält.

Haben Sie viel Platz im Garten, können Sie diese Rabatte auch beliebig verlängern, indem Sie sie wie bei den Beet-Modulen mehrfach nebeneinandersetzen. Die Wirkung ist dann noch eindrucksvoller. Oder Sie spiegeln das Beet an einem Rasen- oder Plattenweg, sodass eine wirkungsvolle Doppelrabatte entsteht.

UNTEN Vor einer dunklen Hecke kommt die weiße Prachtstaudenrabatte besonders gut zur Geltung, zudem bietet sie den Stauden willkommenen Windschutz.

Beet-Variante mit Modul 2: Elegantes Weiß

Einkaufsliste
Modulpflanzen

① *Rosa* 'Glamis Castle' (1)
② *Paeonia lactiflora* 'Festiva Maxima' (2)
③ *Phlox amplifolia* 'Waupee' (3)
④ *Veronica longifolia* 'Schneeriesin' (3)
⑤ *Delphinium Belladonna*-Hybride 'Moerheimii' (2)
⑥ *Campanula latifolia* var. *macrantha* 'Alba' (1)
⑦ *Hemerocallis* 'Joan Senior' (2)

Sommerblumen

⑧ *Dahlia* 'White Renova' (2)

Ergänzungspflanzen

⑨ *Anemone Japonica*-Hybride 'Whirlwind' (2)
⑩ *Papaver orientale* 'Perry's White' (2)
⑪ *Hydrangea paniculata* 'Bombshell' (1)
⑫ *Delphinium Elatum*-Hybride 'Gletscherwasser' (2)
⑬ *Lupinus Polyphyllus*-Hybride 'Fräulein' (1)
⑭ *Aster ericoides* 'Lovely' (1)

Zwiebelpflanzen

● je 1 *Allium* 'White Giant' (7)
● je 5 *Tulipa* 'Winterberg' (10)

Mixed Border Style Modul 3: Blau und Gelb

Gelb und Blau – dieser Farbklassiker in der Pflanzenverwendung wird in diesem Beet-Modul durch violette Blütenfarben munter aufgemischt. Die passenden Ergänzungspflanzen bieten vielfältige Gestaltungsmöglichkeiten für Ihr ganz persönliches Spiel mit den Blütenfarben und -formen. Wer wagt gewinnt!

STANDORT:
frei, sonnig bis halbschattig
BODEN:
tiefgründig, gut durchlässig, mäßig trocken bis frisch.
MASSE:
1,2 × 2 m

Einkaufsliste

1. *Rosa* 'Graham Thomas' (1)
2. *Lupinus polyphyllus* 'Masterpiece' (2)
3. *Iris barbata-elatior* 'Gala Madrid' (3)
4. *Aconitum carmichaelii* 'Arendsii' (2)
5. *Heliopsis helianthoides* var. *scabra* 'Venus' (1)
6. *Coreopsis grandiflora* 'Christchurch' (1)
7. *Geranium*-Hybride 'Rozanne' (1)
8. *Nepeta × faassenii* 'Walkers Low' (3)

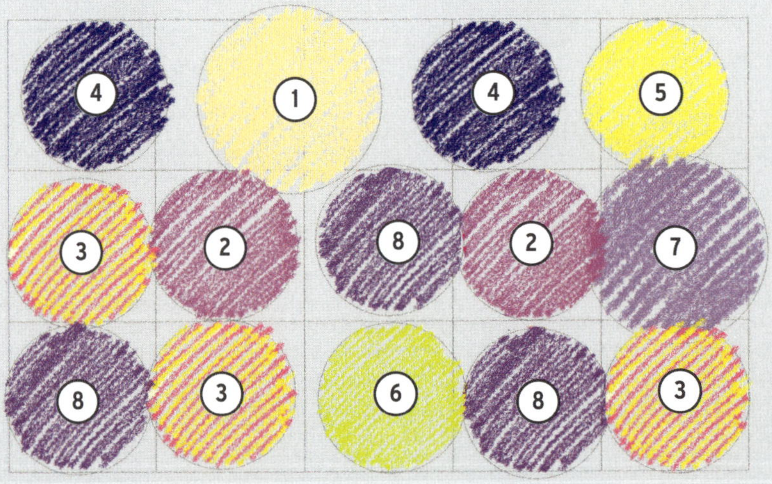

Pflanzplan im Maßstab 1:20

Modulpflanzen im Porträt

◄ **Eisenhut**
Aconitum carmichaelii 'Arendsii'

Standort: ☼ ◑ ● B 2, GR 2
Höhe/Wuchs: 100 cm, horstig, straff aufrecht

Blüte: Sept.–Okt., blauviolett
Pflege: Abgeblühtes im Spätherbst zurückschneiden, düngen

Arten/Sorten: *A. lamarckii*: 120 cm, Juni–Juli, hellgelb, *A. napellus* 'Kleiner Ritter': 90 cm, Mai–Juli, blauviolett

► **Mädchenauge**
Coreopsis grandiflora 'Christchurch'

Standort: ☼ B 2
Höhe/Wuchs: 50 cm, buschig, horstig

Blüte: Juni–Okt., orangegelb
Pflege: zur Vitalisierung bodennaher Rückschnitt im Frühherbst

Arten/Sorten: *C. lanceolata* 'Sterntaler', Kleines Mädchenauge: 30 cm, gelb mit rotbrauner Mitte

◄ **Storchschnabel**
Geranium-Hybride 'Rozanne'

Standort: ☼ ◑ B 2
Höhe/Wuchs: 50 cm, horstig, buschig, rankende Triebe

Blüte: Juni–Nov., blau mit weißem Auge
Pflege: totaler Rückschnitt nach 1. Blüte, falls zu mächtig

Arten/Sorten: *G. Gracile*-Hybride 'Sirak': 50 cm, Juni–Juli, violett-rosa

► **Sonnenauge**
Heliopsis helianthoides var. *scabra* 'Venus'

Standort: ☼ B 2, Fr 2
Höhe/Wuchs: 100 cm, buschig, horstig, aufrecht

Blüte: Juli–Sept., goldgelb
Pflege: verblühte Blüten regelmäßig ausschneiden

Arten/Sorten: 'Goldgrünherz': 120 cm, gelb mit grünem Herz, gefüllt; 'Asahi': 70 cm, goldgelb, dicht gefüllt, pomponartig

◄ **Hohe Bart-Iris**
Iris barbata-elatior 'Gala Madrid'

Standort: ☼ B 1–2, Fr 1–2
Höhe/Wuchs: 60 cm, aufrecht, schwertförmiges Laub

Blüte: Mai–Juni, zweifarbig, gelb/braunviolett
Pflege: nur vergilbtes Laub entfernen, Rhizome nicht ganz bedecken

Arten/Sorten: 'Gold Galore': 80 cm, goldgelb; 'Full Tide': 90 cm, mittelblau

► **Lupine**
Lupinus polyphyllus 'Masterpiece'

Standort: ☼ B 2, Fr 2
Höhe/Wuchs: 70 cm, horstig, aufrecht

Blüte: Juni–Aug., dunkles Blauviolett
Pflege: verblühte Blütenstände regelmäßig ausschneiden, bei Trockenheit gießen

Arten/Sorten: 'Kronleuchter': 80 cm, Juni–Aug., gelb

◄ **Katzenminze**
Nepeta × faassenii 'Walkers Low'

Standort: ☼ B 1–2, Fr 1–2
Höhe/Wuchs: 70 cm, buschig, horstig

Blüte: Mai–Juli, Sept., violettblau
Pflege: nach 1. Blüte zurückschneiden, treibt neu aus, blüht 2. Mal

Arten/Sorten: *N. racemosa* 'Superba': 40 cm, April–Juli, Sept., lilablau

► **Englische Strauchrose**
Rosa 'Graham Thomas'

Standort: ☼
Höhe/Wuchs: 150 cm, buschig, strauchartig

Blüte: Juni–Okt., gelb
Pflege: im Frühjahr um ein bis zwei Drittel zurückschneiden, Langzeitdünger geben

Arten/Sorten: 'Austin's Buttercup': 120 cm, Juni–Okt., gelb, halbgefüllt; 'Englands Rose': 120 cm, Juni–Okt., pink

Blühkalender: Blau und Gelb

Nr.	Botanischer Name	Deutscher Name	Höhe (cm)	I	II	III	IV	V	VI	VII	VIII	IX	X	XI	XII	Pflanzabstand (cm)	Pflanzen/qm
	Stauden																
④	*Aconitum carmichaelii* 'Arendsii'	Eisenhut	80													40	6
⑥	*Coreopsis grandiflora* 'Christchurch'	Mädchenauge	40													40	6
⑦	*Geranium*-Hybride 'Rozanne'	Storchschnabel	50													50	4
	Geranium Psilostemon-Hybride 'Anne Thomson'	Storchschnabel	50													40	3
⑤	*Heliopsis helianthoides* var. *scabra* 'Venus'	Sonnenauge	100													60	2
③	*Iris barbata-elatior* 'Gala Madrid'	Hohe Bart-Iris	60													60	40
②	*Lupinus polyphyllus* 'Masterpiece'	Lupine	70													40	6
⑧	*Nepeta × faassenii* 'Walkers Low'	Katzenminze	70													35	8
	Papaver orientale 'Patty's Plum'	Orientalischer Mohn	70													50	2
	Veronicastrum virginicum 'Erika'	Kandelaber-Ehrenpreis	150													60	2
	Gehölze																
	Clematis-Hybride 'Perle d'Azur'	Klematis	300													–	–
	Cotinus coggygria 'Golden Spirit'	Perückenstrauch	200													–	–
①	*Rosa* 'Graham Thomas'	Englische Strauchrose	150													60	–
	Sommerblumen																
	Gladiolus callianthus 'Murielae'	Sterngladiole	90													35	8
	Zwiebelpflanzen																
	Allium aflatunense 'Purple Sensation'	Zierlauch (▶ Seite 164)	90													25	15

Modulpflanzen   Ergänzungspflanzen

Mixed Border Style Modul 3

Blau und Gelb

Ein Blütentraum in Blau, Gelb und Violett ist dieses Beet-Modul. Es bietet mit attraktiven Dauerblühern von Mai bis in den Spätherbst hinein malerische Blütenbilder und ist recht pflegeleicht. Die schöne Englische Rose 'Graham Thomas' (*Rosa*, Nr. 1) gibt mit ihren gefüllten Blüten in klarem, leuchtendem Gelb von Juni bis Oktober den Ton an. Für den farblichen Kontrapunkt sorgt der Storchschnabel 'Rozanne' (*Geranium*-Hybride, Nr. 7), ein wahrer Dauerblüher mit violettblauen Blüten, die bis in den November hinein erscheinen. Sollte diese wuchsfreudige Staude zu mächtig im Beet werden, kann man sie bedenkenlos stark zurückschneiden – im Nu ist sie mit frischem Laub und Blüten wieder da.

Die Lupine 'Masterpiece' (*Lupinus polyphyllus*, Nr. 2) mit dunkelvioletten Blütenständen und die aparten gelb-violetten Blüten der Hohen Bart-Iris 'Gala Madrid' (*Iris barbata-elatior*, Nr. 3) sind im Juni ein aufsehenerregendes Blütenpaar. Sie werden malerisch umspielt von den zartvioletten Blütenrispen der Katzenminze 'Walkers Low' (*Nepeta × faassenii*, Nr. 8), die nach der ersten Blüte von Mai bis Juli – wenn man sie zurückschneidet – im September mit einer zweiten Blüte erfreut. Auch das Mädchenauge 'Christchurch' (*Coreopsis grandiflora*, Nr. 6), eine niedrige Staude für den Beetvordergrund, ist ab Mai ein Dauerblüher im Beet. Das robuste und standfeste Sonnenauge 'Venus' (*Heliopsis helianthoides* var. *scabra*, Nr. 5) mit schönen gelben Korbblüten kommt im Juli dazu. Zum Ausklang des Sommers im Oktober setzt der Hohe Eisenhut 'Arendsii' (*Aconitum carmichaelii*, Nr. 4) mit leuchtend blauvioletten Blüten an straff aufrechten Blütenständen nochmals ein Highlight ins Beet. Diese wundervolle Staude mit der außergewöhnlichen blauen Blütenfarbe ist sehr ausdauernd und pflegeleicht, ein wahrer Gartenschatz!

Anpassen und variieren

Mit verschiedenen Ergänzungspflanzen können Sie auch dieses Beet-Modul nach Ihrem Geschmack zu einer noch opulenteren Prachtstaudenrabatte erweitern.

Mit dem attraktiven gelbgrünen Laub des Perückenstrauchs 'Golden Spirit' *(Cotinus coggygria)* kommt ein weiterer gelber Farbaspekt ins Beet. Im Frühjahr wird der Strauch bei Bedarf zurückgeschnitten. Er ist beispielsweise in der hintersten Beetreihe, neben der Rose 'Graham Thomas', bestens aufgehoben. Um das Beet zu erweitern, ist der 1,5 m hohe Kandelaber-Ehrenpreis 'Erika' *(Veronicastrum verginicum)* mit schlanken zartvioletten Blütenkerzen gut für den Hintergrund geeignet. Der dunkelpink blühende Storchschnabel 'Anne Thomson' (*Geranium Psilostemon*-Hybride) ist ein richtiges Blühwunder und kann, falls er zu üppig wird, stark zurückgeschnitten werden. Die azurblaue Klematis 'Perle d'Azur' (*Clematis*-Hybride) ist ideal, um eine Mauer im Hintergrund der Rabatte zu dekorieren oder sie über die Rose und den Perückenstrauch wachsen zu lassen.

Mit Zwiebelpflanzen ergänzen

Wie violette Blütentupfer können Sie den Zierlauch 'Purple Sensation' *(Allium aflatunense)* einzeln im Abstand von 40 cm ins Beet setzen. Lassen Sie die verblühten, kugeligen Blütenstände ruhig eine Weile stehen, sie sind sehr dekorativ.

Lebensbereich:
Lebensbereich Beet (B 1–2)

UNTEN Der Orientalische Mohn 'Patty's Plum', der durch seine außergewöhnlichen, zart pflaumenblauen Blüten auffällt, verleiht diesem Modul einen gewissen morbiden Charme.

Ergänzungspflanzen im Porträt

Die Beetgestaltung mit Modulen bietet vielfältige Gestaltungsmöglichkeiten. So können Sie – auch ohne viel Erfahrung oder sogar als Gartenanfänger – schöne Staudenbeete selber anlegen. Natürlich können Sie einfach die Modul-Pläne aus diesem Buch übernehmen und so verwenden, wie sie sind. Wenn Sie Ihr Beet jedoch mehr nach Ihren eigenen Wünschen gestalten möchten, können Sie aus der Palette der Ergänzungspflanzen wählen, die im Blühkalender bei jedem Beet-Modul aufgeführt sind. Auf den folgenden Seiten sind alle Ergänzungspflanzen, die in den Beet-Varianten vorkommen, ausführlicher porträtiert.

Die Palette der Ergänzungspflanzen ermöglicht es, die einzelnen Module mit weiteren Pflanzen zu variieren und zu erweitern, die perfekt zum jeweiligen Standort und zum Stil der Pflanzung passen.

RECHTS Die Prachtscharte ist eine beeindruckende Präriestaude und ein Magnet für Schmetterlinge. Aber auch im Prachtstaudenbeet sollte sie einen festen Platz haben. In größeren Gruppen ist ihre Wirkung geradezu atemberaubend.

DIE PFLANZENPALETTE für die Beetgestaltung mit Stauden ist so riesig und so vielgestaltig, dass es oft schwerfällt, sich für einzelne Pflanzen zu entscheiden. Individuelle Wünsche und persönlicher Geschmack spielen dabei eine große Rolle. Zudem müssen natürlich bei der Auswahl geeigneter Stauden die Standortansprüche, das Wuchsverhalten und vieles mehr berücksichtigt werden, damit die Pflanzung gelingt. Da ist es besonders für Gartenanfänger sehr hilfreich, wenn ihnen diese Aufgabe abgenommen wird. Mit den sorgfältig zu jedem Modul passend ausgewählten Ergänzungspflanzen können Sie nichts falsch machen. Sie erleichtern Ihnen die individuelle Anpassung der Module an Ihre Wünsche – beispielsweise bezüglich der Farbgebung oder der Blütezeiten. Schon das Austauschen von ein oder zwei Pflanzen des Moduls durch Ergänzungspflanzen mit anderer Blütenfarbe oder Wuchsform kann dem Beet ein völlig neues Gesicht verleihen. Es lohnt sich also, mit den Ergänzungspflanzen zu variieren und zu experimentieren.
Sie finden die Ergänzungspflanzen farblich gekennzeichnet bei jedem Modul im Blühkalender.

Damit Sie sich ein noch besseres Bild von den in den Beet-Varianten verwendeten Ergänzungspflanzen machen können, werden diese auf den folgenden Seiten übersichtlich und alphabetisch geordnet im Kurzporträt vorgestellt. Hier finden Sie bei jeder Pflanze alle wichtigen Angaben zum Standort, zum gewünschten Lebensbereich, zu Wuchshöhe und Blütenfarbe und für welches Modul die jeweilige Staude zur Variation vorgeschlagen bzw. für welche fertigen Beet-Varianten sie verwendet wurde.
Neben den zur Variation verwendeten Stauden, Gräsern, Farnen und Gehölzen finden Sie in den folgenden Kurzporträts auch alle Zwiebel- und Knollenblumen sowie alle kurzlebigen Sommerblumen, die in den Modulen und Beet-Varianten verwendet wurden.
Alle Modulpflanzen bis auf Zwiebeln, Knollen- und Sommerblumen, werden immer direkt bei den Modulen porträtiert. Hier finden Sie bei den Porträts auch weitere Vorschläge zu empfehlenswerten Sorten und Arten, falls die angebotenen Modul- und Ergänzungspflanzen nicht ausreichen oder nicht Ihren Wünschen entsprechen.

Ergänzungspflanzen im Porträt

◄ **Schafgarbe**
Achillea filipendulina 'Coronation Gold'

Standort: ☼
B 2, Fr 2
Höhe/Wuchs: 70 cm, aufrecht, horstig

Blüte: Juli–Aug., gelb
Pflege: kann nach der 1. Blüte zurückgeschnitten werden, blüht dann ein zweites Mal

Thema/Modul:
Gräserbeete:
Modul 2: Seite 130–133
Beet-Variante:
Seite 134–135

► **Schafgarbe**
Achillea Filipendulina-Hybride 'Feuerland'

Standort: ☼
B 2, Fr 2
Höhe/Wuchs: 100 cm, aufrecht, horstig

Blüte: Juni–Juli, Sept., feuerrot
Pflege: verblühte Blütendolden ausschneiden, blüht nach Rückschnitt nochmals

Thema/Modul:
Präriebeete:
Modul 2: Seite 52–55
Beet-Variante:
Seite 56–57

◄ **Schafgarbe**
Achillea Filipendulina-Hybride 'Credo'

Standort: ☼
B 2, Fr 2
Höhe/Wuchs: 80 cm, aufrecht, horstig

Blüte: Juni–Juli, Sept., cremegelb
Pflege: bei Blühfaulheit aufnehmen, teilen und neu einpflanzen, düngen

Thema/Modul:
Mixed Border Style:
Modul 1: Seite 146–149
Beet-Variante:
Seite 150–151

► **Schafgarbe**
Achillea Millefolium-Hybride 'Pomegranate'

Standort: ☼
B 2, Fr 1
Höhe/Wuchs: 60–80 cm; aufrechte Blütenstängel

Blüte: Juni–Juli, Sept., granatrot
Pflege: verträgt mehr Trockenheit, blüht nach Rückschnitt 2. Mal

Thema/Modul:
Gräserbeete:
Modul 3: Seite 136–139
Beet-Variante:
Seite 140–141

◄ **Zierlauch**
Allium aflatunense 'Purple Sensation'

Standort: ☼
B 1–2, Fr 1–2
Höhe/Wuchs: straff aufrecht

Blüte: Mai–Juni, purpurviolett
Pflege: Laub von allen *Allium*-Arten nicht vor dem Vergilben abschneiden

Thema/Modul:
Präriebeete:
Modul 1: Seite 46–49
Mixed Border Style:
Modul 3: Seite 158–161

► **Granat-Kugellauch**
Allium atropurpureum

Standort: ☼
B 1–2, Fr 1–2
Höhe/Wuchs: 80 cm, straff aufrecht

Blüte: Juni–Juli, dunkelweinrot
Pflege: im Frühjahr mit organischem Dünger (Hornmehl) und Kompost düngen

Thema/Modul:
Präriebeete:
Modul 3: Seite 58–61
Mixed Border Style:
Modul 1: Seite 146–149

◄ **Sternkugel-Lauch**
Allium christophii

Standort: ☼
Fr 1–2, B 1–2
Höhe/Wuchs: 50 cm, straff aufrecht

Blüte: Juni–Juli, amethyst
Pflege: die gelblichen, zierenden Samenstände erst spät abschneiden

Thema/Modul:
Kiesbeete:
Modul 2: Seite 72–75
Für Puristen:
Modul 2: Seite 114–117

Ergänzungspflanzen im Porträt

◄ **Riesen-Zierlauch**
Allium-Hybride
'Ambassador'

Standort:
☼ ◑
Fr 1–2, B 1–2
Höhe/Wuchs:
130 cm, straff aufrecht

Blüte: Juni–Juli, dunkelviolett
Pflege: Wühlmausschutz: Zwiebeln mit engmaschigem Draht umwickeln

Thema/Modul:
Für Puristen:
Modul 2: Seite 114–117

► **Zierlauch**
Allium-Hybride
'Forelock'

Standort:
☼ ◑
Fr 1
Höhe/Wuchs:
120 cm, straff aufrecht

Blüte: Juni–Juli, grün–weinrot
Pflege: –

Thema/Modul:
Kiesbeete:
Modul 1: Seite 68–71

◄ **Zierlauch**
Allium-Hybride
'Mount Everest'

Standort:
☼ ◑
B 1–2, Fr 1–2
Höhe/Wuchs:
120 cm, straff aufrecht

Blüte: Mai–Juni, weiß
Pflege: –

Thema/Modul:
Für Puristen:
Modul 1: Seite 110–113
Gräserbeete:
Modul 3: Seite 136–139

► **Zierlauch**
Allium nigrum

Standort:
☼
Fr 1–2, B 1–2
Höhe/Wuchs:
70 cm, straff aufrecht

Blüte: Mai–Juli, weiß
Pflege: im Frühjahr mit organischem Dünger (Hornmehl) und Kompost düngen

Thema/Modul:
Präriebeete:
Modul 3: Seite 58–61
Gräserbeete:
Modul 1: Seite 126–129

◄ **Kugel-Lauch**
Allium sphaerocephalon

Standort:
☼
B 1–2, Fr 1–2
Höhe/Wuchs:
90 cm, straff aufrecht

Blüte: Juli, purpurfarben
Pflege: diese Zierlauch-Art mag es nährstoffärmer

Thema/Modul:
Präriebeete:
Modul 1: Seite 46–49
Gräserbeete:
Modul 2: Seite 130–133

► **Zierlauch**
Allium 'White Giant'

Standort:
☼
Fr 1–2, B 1–2
Höhe/Wuchs:
150 cm, straff aufrecht

Blüte: Mai–Juni, weiß
Pflege: *Allium*-Arten wünschen einen gut durchlässigen Boden, keine Staunässe!

Thema/Modul:
Mixed Border Style:
Modul 2: Seite 152–155
Beet-Variante:
Seite 156–157

◄ **Weiße Frühlings-anemone**
Anemone blanda
'White Splendour'

Standort:
◑
Fr 1–2, B 1–2, GR 1–2
Höhe/Wuchs:
15 cm, buschig, horstig

Blüte: März–April, reinweiß
Pflege: Knollen vor der Pflanzung einige Stunden in lauwarmem Wasser einweichen

Thema/Modul:
Schattenbeete:
Modul 1: Seite 90–93

Ergänzungspflanzen im Porträt

◄ **Japanische Herbstanemone**
Anemone Japonica-Hybride 'Bressingham Glow'

Standort: ☼ ◑
GR 2, Fr 2, B 2
Höhe/Wuchs: 110 cm, buschig, aufrecht

Blüte: Aug.–Okt., altrosa
Pflege: möglichst im Frühjahr pflanzen; bei sonnigem Standort evtl. gießen

Thema/Modul: Schattenbeete: Modul 1: Seite 90–93
Beet-Variante: Seite 94–95

► **Japanische Herbstanemone**
Anemone Japonica-Hybride 'Whirlwind'

Standort: ☼ ◑
GR 2 (G 2, B 2)
Höhe/Wuchs: 110 cm, buschig, aufrecht

Blüte: Aug.–Okt. weiß
Pflege: im ersten Winter nach der Pflanzung mit Laub und Reisig abdecken

Thema/Modul: Mixed Border Style: Modul 2: Seite 152–155
Beet-Variante: Seite 156–157

◄ **Buschwindröschen**
Anemone nemorosa

Standort: ☼ ◑
G 2, GR 2
Höhe/Wuchs: 10 cm, kriechend

Blüte: März–April, weiß
Pflege: –

Thema/Modul: Schattenbeete: Modul 3: Seite 100–103
Beet-Variante: Seite 104–105

► **Myrten-Aster**
Aster ericoides 'Lovely'

Standort: ☼
B 2, Fr 2
Höhe/Wuchs: 70 cm, locker, horstig

Blüte: Okt.–Nov., zartrosa
Pflege: nach der Blüte ganz zurückschneiden, im Frühjahr düngen

Thema/Modul: Mixed Border Style: Modul 2: Seite 152–155
Beet-Variante: Seite 156–157

◄ **Glatte Aster**
Aster laevis 'Calliope'

Standort: ☼ ◑
Fr 1–2, GR 1–2, B 1–2
Höhe/Wuchs: 130 cm, locker, horstig

Blüte: Okt.–Nov., hellviolett
Pflege: nach der Blüte ganz zurückschneiden, im Frühjahr düngen

Thema/Modul: Präriebeete: Modul 2: Seite 52–55
Beet-Variante: Seite 56–57

► **Raublatt–Aster**
Aster novae-angliae 'Rosa Sieger'

Standort: ☼
B 2, Fr 2
Höhe/Wuchs: 130 cm, straff aufrecht

Blüte: Sept.–Okt., zartrosa
Pflege: alle 3–4 Jahre teilen, Boden vorher verbessern, regelmäßig düngen

Thema/Modul: Mixed Border Style: Modul 1: Seite 146–149
Beet-Variante: Seite 150–151

◄ **Pringles Aster**
Aster pringlei 'Pink Star'

Standort: ☼
B 2, Fr 2
Höhe/Wuchs: 110 cm, locker buschig

Blüte: Sept.–Okt., rosa
Pflege: regelmäßig mit organischem Dünger versorgen, Kompost geben

Thema/Modul: Präriebeete: Modul 1: Seite 46–49
Beetplan 1: Seite 50–51

Ergänzungspflanzen im Porträt

	◄ **Echter Gewürzstrauch** *Calycanthus floridus*	**Standort:** ☼ ◑ **Höhe/Wuchs:** 300 cm, strauchartig, sparrig	**Blüte:** Juni–Juli, bräunlich rot **Pflege:** kann bei Bedarf beschnitten werden	**Thema/Modul:** Präriebeete: Modul 1: Seite 46–49 Beetplan 1: Seite 50–51
	► **Gefüllte Prärielilie** *Camassia leichtlinii* ssp. *leichtlinii* 'Semiplena'	**Standort:** ☼ ◑ Fr 2–3, GR 2–3 **Höhe/Wuchs:** 70 cm, aufrecht, grasartig, horstig	**Blüte:** Mai–Juni, cremeweiß **Pflege:** Laub erst nach vollständigem Vergilben abschneiden, keine Staunässe	**Thema/Modul:** Präriebeete: Modul 1: Seite 46–49 Beetplan 1: Seite 50–51
	◄ **Schneeglanz** *Chionodoxa forbesii* 'Pink Giant'	**Standort:** ☼ ◑ Fr 1–2, GR 1–2 **Höhe/Wuchs:** 15 cm, teppichartig durch Brutzwiebeln	**Blüte:** März–April, lilarosa, weiße Mitte **Pflege:** –	**Thema/Modul:** Schattenbeete: Modul 2: Seite 96–99
	► **Hohler Lerchensporn** *Corydalis cava*	**Standort:** ◑ ● G 1–2, GR 1–2 **Höhe/Wuchs:** 15 cm, buschig, versamt sich	**Blüte:** März–April, purpur bis violett und weiß **Pflege:** –	**Thema/Modul:** Schattenbeete: Modul 3: Seite 100–103 Beet-Variante: Seite 104–105
	◄ **Pompon-Dahlie** *Dahlia* 'Franz Kafka'	**Standort:** ☼ B 2 **Höhe/Wuchs:** 80 cm, buschig aufrecht	**Blüte:** Juli–Okt., dunkelrosa **Pflege:** Knollen erst ab Ende April ins Beet pflanzen, 5 cm hoch mit Erde bedecken	**Thema/Modul:** Mixed Border Style: Modul 1: Seite 146–149 Beet-Variante: Seite 150–151
	► **Schmuck-Dahlie** *Dahlia* 'Le Baron'	**Standort:** ☼ B 2 **Höhe/Wuchs:** 100 cm, buschig aufrecht	**Blüte:** Juli–Okt., purpurfarben **Pflege:** verwelkte Blüten regelmäßig abschneiden, das verlängert die Blütezeit	**Thema/Modul:** Mixed Border Style: Modul 1: Seite 146–149
	◄ **Ball-Dahlie** *Dahlia* 'White Renova'	**Standort:** ☼ B 2 **Höhe/Wuchs:** 90 cm, buschig aufrecht	**Blüte:** Juli–Okt., cremeweiß **Pflege:** vor dem ersten Bodenfrost ausgraben und frostfrei überwintern	**Thema/Modul:** Mixed Border Style: Modul 2: Seite 152–155

Ergänzungspflanzen im Porträt

	◄ **Rittersporn** *Delphinium Elatum*-Hybride 'Gletscherwasser'	**Standort:** ☼ B 2 **Höhe/Wuchs:** 160 cm, straff aufrecht	**Blüte:** Juni–Juli, Okt., zart eisblau **Pflege:** kann kippen, daher *Elatum*-Hybriden vorsorglich mit Staudenring stützen	**Thema/Modul:** Mixed Border Style: Beet-Variante: Seite 156–157
► **Hoher Rittersporn** *Delphinium Elatum*-Hybride 'Ouvertüre'	**Standort:** ☼ B 2 **Höhe/Wuchs:** 160 cm, straff aufrecht	**Blüte:** Juni, Sept., hellblau mit zartrosa **Pflege:** nach 1. Blüte ganz zurückschneiden: treibt frisches Laub und 2. Blüte, düngen	**Thema/Modul:** Mixed Border Style: Modul 1: Seite 146–149 Beet-Variante: Seite 150–151	
	◄ **Wurmfarn** *Dryopteris filixmas*	**Standort:** ◐ ● G 2, GR 2, Fr 2, **Höhe/Wuchs:** 100 cm, aufrecht trichterförmig	**Blüte:** – **Pflege:** bei lange andauernden Trockenperioden evtl. wässern	**Thema/Modul:** Schattenbeete: Modul 3: Seite 100–103 Beet-Variante: Seite 104–105
► **Scheinsonnenhut** *Echinacea*-Hybride 'Fragrant Angel'	**Standort:** ☼ B 1–2, Fr 1–2 **Höhe/Wuchs:** 80 cm, horstig, straff aufrecht	**Blüte:** Sept.–Okt., weiß **Pflege:** keine Staunässe, Stiele nach Blüte zurückschneiden, mit Hornmehl düngen	**Thema/Modul:** Für Puristen: Modul 2: Seite 114–117 Beet-Variante: Seite 118–119	
	◄ **Scheinsonnenhut** *Echinacea*-Hybride 'Sunrise'	**Standort:** ☼ B 1–2, Fr 1–2 **Höhe/Wuchs:** 80 cm, horstig, straff aufrecht	**Blüte:** Juli–Sept., hellgelb **Pflege:** keine Staunässe, Stiele nach Blüte zurückschneiden, mit Hornmehl düngen	**Thema/Modul:** Präriebeete: Modul 1: Seite 46–49 Beetplan 1: Seite 50–51 Gräserbeete: Modul 1: Seite 126–129
► **Scheinsonnenhut** *Echinacea*-Hybride 'Tomato Soup'	**Standort:** ☼ B 1–2, Fr 1–2 **Höhe/Wuchs:** 70 cm, horstig, straff aufrecht	**Blüte:** Juli–Aug., tomatenrot **Pflege:** keine Staunässe, nach Blüte zurückschneiden, mit Hornmehl düngen	**Thema/Modul:** Präriebeete: Modul 2: Seite 52–55 Beet-Variante: Seite 56–57	
	◄ **Weiße Kugeldistel** *Echinops sphaerocephalus* 'Arctic Glow'	**Standort:** ☼ Fr 1–2, B 1–2, GR 1–2 **Höhe/Wuchs:** 80 cm, aufrecht, horstig	**Blüte:** Juli–Aug., weiß **Pflege:** verblühte Stiele bei Bedarf abschneiden	**Thema/Modul:** Kiesbeete: Modul 3: Seite 78–81 Beet-Variante: Seite 82–83

Ergänzungspflanzen im Porträt

◂ **Schneeglöckchen**
Galanthus nivalis

Standort:
◑ ●
Fr 2, GR 2
Höhe/Wuchs:
15 cm, horstig durch Brutzwiebeln

Blüte: Febr.–März, weiß
Pflege: benötigen etwas Zeit, um sich zu etablieren

Thema/Modul:
Schattenbeete:
Modul 1: Seite 90–93
Beetplan 1: Seite 94-95

▸ **Blaustrahlhafer**
Helictotrichon sempervirens 'Saphirsprudel'

Standort:
☼
Fr 1
Höhe/Wuchs:
100 cm, horstig, aufrecht

Blüte: Juli–Aug, silbrig-gelb
Pflege: erst im Frühjahr zurückschneiden

Thema/Modul:
Kiesbeete:
Modul 2: Seite 72–75
Beet-Variante:
Seite 76–77

◂ **Taglilie**
Hemerocallis-Hybride 'Little Grapette'

Standort:
☼ ◑
B 2, Fr 2, GR 2
Höhe/Wuchs:
60 cm, horstig, überhängend

Blüte: Juni–Aug., bordeauxrot
Pflege: düngen, abgeblühte Stiele entfernen, im Herbst ganz zurückschneiden

Thema/Modul:
Für Puristen:
Modul 2: Seite 114–117
Beet-Variante:
Seite 118–119

▸ **Taglilie**
Hemerocallis-Hybride 'Olive Bailey Langdon'

Standort:
☼ ◑
B 2, Fr 2, GR 2
Höhe/Wuchs:
60 cm, horstig, überhängend

Blüte: Juli–Aug., purpur, gelbe Mitte
Pflege: düngen, abgeblühte Stiele entfernen, im Herbst ganz zurückschneiden

Thema/Modul:
Präriebeete:
Modul 1: Seite 46–49
Beetplan 1: Seite 50–51

◂ **Leberblümchen**
Hepatica nobilis

Standort:
◑ ●
G 2, GR 2
Höhe/Wuchs:
10 cm, teppichartig

Blüte: März–April, blau
Pflege: –

Thema/Modul:
Schattenbeete:
Modul 3: Seite 100–103
Beet-Variante:
Seite 104–105

▸ **Spanisches Hasenglöckchen**
Hyacinthoides hispanica

Standort:
◑ ●
GR 2
Höhe/Wuchs:
30 cm, horstig

Blüte: Apr.–Mai, blau
Pflege: zieht Laub nach der Blüte ein, erst abschneiden, wenn vertrocknet

Thema/Modul:
Für Puristen:
Modul 1: Seite 110–113

◂ **Ball-Hortensie**
Hydrangea arborescens-Hybride 'Incrediball'

Standort:
☼ ◑

Höhe/Wuchs:
150 cm, strauchartig buschig

Blüte: Juli–Sept., weiß
Pflege: gießen bei Bedarf, im Frühjahr ganz zurückschneiden, Ausläufer abstechen

Thema/Modul:
Schattenbeete:
Modul 1: Seite 90–93
Beetplan 1: Seite 94–95

Ergänzungspflanzen im Porträt

◄ **Rispenhortensie**
Hydrangea paniculata 'Bombshell'

Standort: ☼ ◐
Höhe/Wuchs: 100 cm, kompakt, strauchartig

Blüte: Juni–Aug., weiß
Pflege: Rückschnitt im zeitigen Frühjahr

Thema/Modul: Mixed Border Style: Modul 2: Seite 152–155
Beet-Variante: Seite 156–157

► **Raketen-Wacholder**
Juniperus scopulorum 'Blue Arrow'

Standort: ☼
Höhe/Wuchs: 600 cm, straff aufrecht, säulenförmig

Blüte: unscheinbar
Pflege: –

Thema/Modul: Kiesbeete: Modul 2: Seite 72–75
Beet-Variante: Seite 76–77

◄ **Prachtscharte**
Liatris spicata

Standort: ☼
Fr 2, B 2
Höhe/Wuchs: 70 cm, horstig, grasartig, aufrecht

Blüte: Juli–Sept., violett
Pflege: keine Staunässe, vor allem im Winter, organischen Dünger geben

Thema/Modul: Präriebeete: Modul 1: Seite 46–49
Beetplan 1: Seite 50–51

► **Türkenbund-Lilie**
Lilium martagon

Standort: ☼ ◐
GR 2, G 2
Höhe/Wuchs: 100 cm, aufrecht, horstig

Blüte: Juli–Aug., purpurrosa, bräunliche Tupfen
Pflege: Lilienhähnchen rechtzeitig absammeln, sonst Blattfraß

Thema/Modul: Schattenbeete: Modul 3: Seite 100–103

◄ **Lupine**
Lupinus Polyphyllus-Hybride 'Fräulein'

Standort: ☼
B 2, Fr 2
Höhe/Wuchs: 80 cm, horstig, aufrecht

Blüte: Juni–Aug., cremeweiß
Pflege: nicht düngen, nach der 1. Blüte um die Hälfte zurückschneiden, blüht nach

Thema/Modul: Mixed Border Style: Modul 2: Seite 152–155
Beet-Variante: Seite 156–157

► **Cyclamineus-Narzisse**
Narcissus 'Jack Snipe'

Standort: ☼ ◐
B 2, Fr 2, GR 2
Höhe/Wuchs: 35 cm, aufrecht, horstig

Blüte: Febr.–März, gelb mit orangener Trompete
Pflege: bei Bedarf nach der Blüte teilen, Laub erst nach Vergilben abschneiden

Thema/Modul: Gräserbeete: Modul 3: Seite 136–139

◄ **Wildnarzisse**
Narcissus pseudonarcissus ssp. *lobularis*

Standort: ☼
Fr 1–2
Höhe/Wuchs: 20 cm, aufrecht

Blüte: Febr.–März, hellgelb
Pflege: –

Thema/Modul: Kiesbeete: Modul 3: Seite 78–81

Ergänzungspflanzen im Porträt

◄ Pfingstrose
Paeonia Lactiflora-Hybride 'Germaine Bigot'

Standort:
☼
B 2
Höhe/Wuchs:
90 cm, horstig, buschig

Blüte: Mai–Juni, rosa
Pflege: organischen Langzeitdünger geben, mit Kompost mulchen, nicht zu tief pflanzen

Thema/Modul:
Mixed Border Style:
Modul 1: Seite 146–149
Beet-Variante:
Seite 150–151

► Rutenhirse
Panicum virgatum 'Heavy Metal'

Standort:
☼
Fr 2, GR 2, B 2
Höhe/Wuchs:
120 cm, horstig, straff aufrecht

Blüte: Aug.–Sept., blaugrün
Pflege: im Frühjahr zurückschneiden, zu groß gewordene Horste abstechen oder teilen

Thema/Modul:
Präriebeete:
Modul 1: Seite 46–49
Beetplan 1: Seite 50–51

◄ Rutenhirse
Panicum virgatum 'Rehbraun'

Standort:
☼
Fr 2, GR 2, B 2
Höhe/Wuchs:
120 cm, horstig, locker aufrecht

Blüte: Aug.–Sept., bräunlich
Pflege: in den ersten Jahren nach der Pflanzung bei Trockenheit wässern

Thema/Modul:
Gräserbeete:
Modul 3: Seite 136–139
Beet-Variante:
Seite 140–141

► Orientalischer Mohn
Papaver orientale 'Perry's White'

Standort:
☼
B 1–2, Fr 1–2
Höhe/Wuchs:
80 cm, horstig aufrecht

Blüte: Mai–Juni, weiß mit schwarzer Mitte
Pflege: Laub kann vor dem Einziehen zurückgeschnitten werden, falls unansehnlich

Thema/Modul:
Mixed Border Style:
Modul 2: Seite 152–155
Beet-Variante:
Seite 156–157

◄ Flammenblume
Phlox paniculata 'Freudenfeuer'

Standort:
☼ ◐
B 2–3
Höhe/Wuchs:
90 cm, aufrecht horstig

Blüte: Aug.–Sept., rotorange
Pflege: im Frühling gut wässern, verblühte Rispen ausschneiden, Kompost geben

Thema/Modul:
Mixed Border Style:
Modul 1: Seite 146–149
Beet-Variante:
Seite 150–151

► Historische Rose
Rosa gallica 'Belle Isis'

Standort:
☼
Höhe/Wuchs:
100 cm, buschig aufrecht

Blüte: Juni–Juli., zartrosa
Pflege: im Frühjahr und nach der Blüte um ein Drittel zurückschneiden

Thema/Modul:
Mixed Border Style:
Modul 1: Seite 146–149
Beet-Variante:
Seite 150–151

◄ Apothekerrose
Rosa gallica 'Officinalis'

Standort:
☼ ◐
Höhe/Wuchs:
120 cm, buschig aufrecht

Blüte: Juni, magentarot
Pflege: Ausläufer bei Bedarf entfernen

Thema/Modul:
Kiesbeete:
Modul 3: Seite 78–81
Beet-Variante:
Seite 82–83

Ergänzungspflanzen im Porträt

◄ **Missourie-Sonnenhut**
Rudbeckia missouriensis

Standort: ☼
B 2, Fr 2
Höhe/Wuchs: 40 cm, horstig, aufrecht

Blüte: Juli–Sept., gelb
Pflege: verblühte Stiele ganz zurückschneiden

Thema/Modul: Präriebeete
Modul 2: Seite 52–55
Beet-Variante: Seite 56–57

► **Steppensalbei**
Salvia nemorosa
'Schneehügel'

Standort: ☼
B 1–2, Fr 1–2
Höhe/Wuchs: 40 cm, buschig, kompakt

Blüte: Juni, Sept., weiß
Pflege: nach 1. Blüte bis zum Boden zurückschneiden, treibt 2. Blüte aus

Thema/Modul: Gräserbeete:
Modul 2: Seite 130–133
Beet-Variante: Seite 134–135

◄ **Wiesen-Salbei**
Salvia pratensis

Standort: ☼
Fr 1
Höhe/Wuchs: 50 cm, aufrecht, horstig

Blüte: Juni–Aug., Sept., blauviolett
Pflege: Rückschnitt nach der ersten Blüte, falls Nachblüte gewünscht

Thema/Modul: Kiesbeete
Modul 3: Seite 78–81
Beet-Variante: Seite 82–83

► **Goldrute**
Solidago-Hybride
'Strahlenkrone'

Standort: ☼
B 2, Fr 2
Höhe/Wuchs: 60 cm, aufrecht, horstig

Blüte: Juli–Aug., goldgelb
Pflege: im Spätherbst ganz zurückschneiden

Thema/Modul: Präriebeete:
Modul 2: Seite 52–55
Beet-Variante: Seite 56–57

◄ **Gemeine Eibe**
Taxus baccata
'Renkes Kleiner Grüner'

Standort: ☼ ◐
GR 2 (G 2, B 2)
Höhe/Wuchs: langsam wachsend, breitbuschig

Blüte: unscheinbar
Pflege: im Frühsommer und Herbst in Form schneiden

Thema/Modul: Für Puristen:
Modul 2: Seite 114–117
Beet-Variante: Seite 118–119

► **Seerosen-Tulpe**
Tulipa kaufmanniana
'Early Harvest'

Standort: ☼
B 2, Fr 2
Höhe/Wuchs: 25 cm, straff aufrecht

Blüte: März–April, orangerot
Pflege: Staunässe vermeiden

Thema/Modul: Präriebeete
Modul 2: Seite 52–55
Beet-Variante: Seite 56–57

◄ **Wildtulpe**
Tulipa praestans
'Shogun'

Standort: ☼
Fr 1–2
Höhe/Wuchs: 20 cm, aufrecht

Blüte: April–Mai, gelborange
Pflege: Staunässe vermeiden, erst zurückschneiden, wenn Laub vollständig vergilbt ist

Thema/Modul: Gräserbeete:
Modul 3: Seite 136–139
Beet-Variante: Seite 140–141

Ergänzungspflanzen im Porträt

◄ **Wildtulpe**
Tulipa turkestanica

Standort:
☼
Fr 1–2
Höhe/Wuchs:
25 cm, horstig

Blüte: März–April, weiß
Pflege: bei Bedarf große Blütenhorste aufnehmen und teilen, Staunässe vermeiden

Thema/Modul:
Kiesbeete:
Modul 2: Seite 72–75
Beet-Variante:
Seite 76–77

► **Tulpe**
Tulipa viridiflora
'Nightrider'

Standort:
☼ ◑
B 1–2
Höhe/Wuchs:
50 cm, straff aufrecht

Blüte: Mai, dunkelviolett mit Grün
Pflege: blüht sie nicht mehr, neu pflanzen, Wühlmausschutz durch Maschendraht

Thema/Modul:
Mixed Border Style:
Modul 1: Seite 146–149
Beet-Variante:
Seite 150–151

◄ **Triumph-Tulpe**
Tulipa 'Winterberg'

Standort:
☼ ◑
B 1–2
Höhe/Wuchs:
40 cm, aufrecht

Blüte: April–Mai, weiß
Pflege: wenn sie nicht mehr blüht, neu pflanzen, Wühlmausschutz durch Maschendraht

Thema/Modul:
Mixed Border Style:
Modul 2: Seite 152–155
Beet-Variante:
Seite 156–157

► **Zinnie**
Zinnia 'Zinderella Peach'

Standort:
☼
B 1–2
Höhe/Wuchs:
50 cm, aufrecht, einjährig

Blüte: Juli–Sept., gelb, pfirsichrosa
Pflege: im Frühjahr aussäen und später die jungen Pflanzen ins Beet setzen

Thema/Modul:
Mixed Border Style:
Modul 1: Seite 146–149

Register

Halbfett gesetzte Seitenzahlen verweisen auf Abbildungen.

Bildnachweis

Cover (U1): **Lars Baus** (Illustration)

Frank M. von Berger: 44-45, 64, 66-67, 88-89; **Christine Breier:** 2-3, 4-2, 5-1, 6, 9, 10, 11, 13, 14, 15-1, 15-2, 16, 17, 18, 19, 20, 21, 22, 25, 26, 27, 29, 30, 31, 32-1, 32-2, 32-3, 33-1, 33-2, 33-3, 35, 38, 41, 42, 43, 53-3, 59-7, 61, 63, 65, 69-6, 71, 75, 79-6, 85, 86, 87, 91-1, 91-3, 91-6, 97-3, 97-4, 97-6, 101-4, 103, 107, 108, 109, 111-2, 111-4, 115-5, 117, 122, 123-1, 123-2, 124-125, 127-3, 129, 131-5, 137-2, 137-3, 137-4, 143, 144, 145, 147-1, 147-2, 147-3, 147-5, 147-7, 149, 153-5, 153-7, 155, 159-4, 159-7, 159-8, 164-3, 165-3, 166-1, 166-3, 167-6, 168-1, 168-2, 168-5, 169-3, 169-7, 170-3, 170-4, 171-1, 172-5; **Rachele Z. Cecchini:** 37-1; **Flora Press/Bildagentur Beck:** 47-2, 47-7, 99, 139-1, 164-1;/**Jonathan Buckley:** 79-3;/**Christine Ann Föll:** 53-1, 53-4, 137-1, 166-7, 173-2;/**GWI:** 91-4, 97-7, 115-2, 131-2, 167-3, 168-7, 172-7;/**Modeste Herwig:** 127-4;/**Martin Hughes-Jones:** 53-6, 59-4, 97-2, 115-3, 147-6, 170-2, 171-3, 172-1;/**Andrew Lawson:** 101-6, 165-7;/**MAP:** 47-3, 59-1, 153-2, 153-6, 159-5, 164-4, 169-4, 172-2;/**Nova Photo Graphik:** 167-7, 170-1, 173-3;/**Royal Horticultural Society:** 97-5;/**Visions:** 113, 165-6, 170-7, 172-4; **Staudengärtnerei Gaißmayer, Illertissen:** 59-5, 69-4, 159-2, 170-5, 171-5;**GAP Photos/Matt Anker:** 133;/**Carole Drake:** 49;**Heather Edwards:** 55, 79-1;/**Robert Mabic:** 47-5, 115-1, 127-1;/**Howard Rice:** 91-5; **MMGi / Marianne Majerus:** 47-4;/Johan Debecker: 115-4; **Mauritius Images/Nicolas and Sherry Lu Aldridge:** 164-5;/**allotment boy 1:** 165-2;/**Alan Beaumont:** 101-2;/**Dave Bevan:** 73-6;/**Bloom Pictures:** 147-4;/**Bluered:** 101-3;/**Mark Bolton:** 69-2,;/**Chris Bosworth:** 4-1, 127-2;/**Botanic Images Inc.:** 127-6;/**Chris Burrows:** 172-6;/**David Chapman:** 73-4;/**Lindsay Constable:** 59-6;/**Oscar D'arcy:** 93;/**Gilles Delacroix:** 53-7, 73-2, 153-3, 168-4, 169-2;/**Dorling Kindersley ltd:** 79-5;/**Jacqui Dracup:** 79-4;/**Carole Drake:** 137-5;/**Elburg Botanic Media:** 159-6;/Zena Elea: 73-5;/**Bernhard Ernst:** 73-7;/**Wolfgang Filser:** 79-7;/**Guenter Fischer:** 101-5;/**Florapix:** 69-3, 153-4;/**Tim Gainey:** 47-6, 168-6;/**GFK-Flora:** 167-1;/**Anne Gilbert:** 73-3;/**John Glover:** 47-1, 165-1, 171-6;/**Steffen Hauser:** 59-2, 97-1, 121, 164-2, 164-6, 166-4;/**Ina Hesmer:** 167-4;/**Esa Hiltula:** 163;/**Martin Hughes-Jones:** 69-5, 131-1, 166-5, 167-2, 171-4;/**Rowan Isaac:** 161;/**Adrian James:** 166-2,/**Terry Jennings:** 111-5, 164-7, 169-6;/**Andrea Jones:** 101-7;/**jrw-photos:** 127-5;/**Hans Lang:** 101-1;/**Harald Lange:** 169-1;/**Sarah Lee:** 59-3,/**John Martin:** 131-4, 165-5, 166-6, 171-2;/**Hans-Roland Müller:** 5-2, 69-7, 159-3, 168-3;/**RBflora:** 69-1, 91-2;/**John Richmond:** 111-3;/**RM Floral:** 131-6, 159-1, 167-5, 173-1;/**Ole Schoener:** 171-7;/**Ottfried Schreiter:** 172-3;/**Trevor Sims:** 53-2, 73-1, 131-3;/**Stocktaker:** 153-1;/**Rodger Tamblyn:** 53-8;/**Lee Thomas:** 91-7, 165-4;/**P. Widmann:** 169-5;/**Wolstenholme Images:** 81;/**Dave Zubraski:** 53-5, 170-6;/**Zoonar:** 79-2, 111-1; **Marion Nickig:** 36-1, 36-2, 37-2; **Trachtpflanzen24.de/Thomas Neumann:** 173-4

Alle Illustrationen im Innenteil und auf der Umschlagrückseite (U4) von **Johann Brandstetter**.

Syndication:
www.seasons.agency

Service

Bodenproben

VDLUFA Verband Deutscher Untersuchungs- und Forschungsanstalten e. V.
c/o LUFA Speyer
Oberer Langgasse 40
67346 Speyer
www.vdlufa.de

Adressen

Stauden

Staudengärtnerei Bornhöved oHG
Plöner Straße 10
24619 Bornhöved
info@staudengaerten.de
www.staudengaertnerei-bornhoeved.de

Stauden Junge – Inh. Matthias Großmann
Seeangerweg 1
31787 Hameln
info@stauden-junge.de
www.bluetenblatt.de

Staudenkulturen Stade
Beckenstrang 24
46325 Borken-Marbeck
info@stauden-stade.de
www.stauden-stade.de

Staudengärtnerei Gräfin von Zeppelin
Weinstraße 2
79295 Sulzburg-Laufen
info@graefin-von-zeppelin.de
www.graefin-von-zeppelin.de

Staudengärtnerei Gaißmayer GmbH & Co. KG
Jungviehweide 3
89257 Illertissen
info@gaissmayer.de
www.gaissmayer.de

Rosen

Kordes Rosen
Rosenstraße 54
25365 Klein Offenseth-Sparrieshoop
info@kordes-rosen.com
www.kordes-rosen.com

Rosenhof Schultheis e. K.
Inh. Christian Schultheis
Bad Nauheimer Straße 3
61231 Bad Nauheim
info@rosenhof-schultheis.de
www.rosenhof-schultheis.de

David Austin Roses Ltd
Bowling Green Lane,
Albrighton, Wolverhampton
WV7 3HB Großbritannien
deutsch@davidaustinroses.com
www.davidaustinroses.com/german/Advanced.asp

Gehölze

Pflanzenhandel Lorenz von Ehren GmbH & Co. KG
Maldfeldstraße 4
21077 Hamburg
LvE@LvE.de
www.LvE.de

Baumschule Horstmann GmbH & Co. KG
Schäferkoppel 3
25560 Schenefeld (Mittelholstein)
info@baumschule-horstmann.de
www.baumschule-horstmann.de

Baumschule New Garden
Prozessionsweg 62
46325 Borken-Weseke
info@new-garden.de
www.baumschule-newgarden.de

Blumenzwiebeln

Horst Gewiehs GmbH
Italienischer Weg 1
37287 Wehretal
info@gewiehs-blumenzwiebeln.de
www.gewiehs-blumenzwiebeln.de

Blumenzwiebelversand Bernd Schober
Stätzlinger Straße 94a
86165 Augsburg
bschober@der-blumenzwiebelversand.de
www.der-blumenzwiebelversand.de

Literatur

Barlage, A./Hertle, B./Kipp, O.: **Beetgestaltung für jeden Standort**. Gräfe und Unzer Verlag, München

Breier, C.: **Blühende Beete für jede Jahreszeit.** Kosmos Verlag, Stuttgart

Chatto, B.: **Der Kiesgarten: Gärtner auf trockenem Standort.** Ulmer Verlag, Stuttgart

Hansen, R./Stahl, F./Duthweiler, S.: **Die Stauden und ihre Lebensbereiche.** Ulmer Verlag, Stuttgart

Hertle, B.: **Kiesgärten.** Graefe und Unzer Verlag, München

Hertle, B.: **Mit Gräsern gestalten: Traumhafte Beetideen mit Gräsern und Blütenstauden.** Graefe und Unzer Verlag, München

Janke, P./Becker, J.: **Design mit Pflanzen – Moderne Architektur im Garten.** Becker Joest Volk Verlag, Hilden

Jekyll, G.: **Pflanzenbilder aus meinen Gärten.** Ulmer Verlag, Stuttgart

Kullmann, F.: **Garten step by step**. Gräfe und Unzer Verlag, München

Kullmann, F.: **Hoch das Beet!** Gräfe und Unzer Verlag, München

Ludwig, A.: **Einmal gärtnern wie in Sissinghurst: Ein Blick hinter die Kulissen der berühmten englischen Gartenlegende.** Ulmer Verlag, Stuttgart

Machiels, L.: **Präriegärten: Faszinierend und stimmungsvoll.** Ulmer Verlag, Stuttgart

Oudolf, P./Kingsbury, N.: **Neues Gartendesign mit Stauden und Gräsern.** Ulmer Verlag, Stuttgart

LIEBE LESERINNEN UND LESER,

wir wollen Ihnen mit diesem Buch Informationen und Anregungen geben, um Ihnen das Leben zu erleichtern oder Sie zu inspirieren, Neues auszuprobieren. Wir achten bei der Erstellung unserer Bücher auf Aktualität und stellen höchste Ansprüche an Inhalt und Gestaltung. Alle Anleitungen und Rezepte werden von unseren Autoren, jeweils Experten auf ihren Gebieten, gewissenhaft erstellt und von unseren Redakteur*innen mit größter Sorgfalt ausgewählt und geprüft.

Haben wir Ihre Erwartungen erfüllt? Sind Sie mit diesem Buch und seinen Inhalten zufrieden? Wir freuen uns auf Ihre Rückmeldung. Und wir freuen uns, wenn Sie diesen Titel weiterempfehlen, in Ihrem Freundeskreis oder bei Ihrem Online-Kauf.

Sollten wir Ihre Erwartungen so gar nicht erfüllt haben, tauschen wir Ihnen Ihr Buch jederzeit gegen ein gleichwertiges zum gleichen oder ähnlichen Thema um.

KONTAKT ZUM LESERSERVICE

GRÄFE UND UNZER VERLAG
Grillparzerstraße 12
81675 München
www.gu.de

Impressum

Projektleitung: Cornelia Nunn
Lektorat: Barbara Kiesewetter
Korrektorat: Andrea Lazarovici
Bildredaktion: Ute Rather, Petra Ender (Cover)
Umschlaggestaltung: kral&kral design, München
Layout und Satz: griesbeckdesign, München
Herstellung: Petra Roth
Reproduktion: Longo AG, Bozen
Druck und Bindung: Firmengruppe APPL, aprinta druck, Wemding
Printed in Germany

8. Auflage 2025
ISBN 978-3-8338-5580-1

Umwelthinweis:

Nachhaltigkeit ist uns sehr wichtig. Der Rohstoff Papier ist in der Buchproduktion hierfür von entscheidender Bedeutung. Daher ist dieses Buch auf PEFC-zertifiziertem Papier gedruckt. PEFC garantiert, dass ökologische, soziale und ökonomische Aspekte in der Verarbeitungskette unabhängig überwacht werden und lückenlos nachvollziehbar sind.

Erklärung der Symbole

- ☼ sonnig
- ◑ halbschattig
- ● schattig

Die Autorin

Christine Breier ist Gartenplanerin aus Bückeburg und betreibt ihr eigenes Landschaftsarchitekturbüro »Monarda-Gartendesign«, mit dem sie sich auf die Gestaltung privater Gärten und eine individuelle Pflanzenverwendung spezialisiert hat. Christine Breier hat an der Universität Hannover Landschafts- und Freiraumplanung studiert. Enthusiasmus, Sensibilität sowie die Bereitschaft, stets nach ausgefallenen Lösungen zu suchen, sind ihr Potenzial beim Entwurf schöner Gärten. Durch ihre Arbeit als Gartenberaterin ist sie mit den Problemen und Wünschen von Gartenbesitzern bestens vertraut. Inspirationen und neue Ideen sammelt sie auch als Gartenfotografin und auf Reisen.

Der Illustrator

Johann Brandstetter ist ein naturwissenschaftlicher Zeichner und Künstler, der fast 200 Bücher illustriert hat. Seine Schwerpunktthemen sind Zoologie, Botanik und Evolutionsbiologie. Viele seiner Bücher wurden von der deutschen Akademie für Kinder und Jugendliteratur, dem Cresta International Adversiting Award/New York, und dem Cannes Lions ausgezeichnet. Seit 2014 zählt er zu den »200 Best Illustrators Worldwide«, die von der renomierten Fachzeitschrift Lürzer's Archive ausgewählt wurden. 2011 wurde ein Schmetterling ihm zu Ehren benannt *(Mormogystia brandstetteri)*. In den letzten Jahren hat er sich im Wesentlichen seinen freien künstlerischen Projekten zugewandt. Mehr finden Sie unter www.top-illustrator.com